肌肉的基本知識

體重的40%
是由肌肉所構成 ………… 2

肌肉的比例
比體重數字更重要 ………… 4

肌肉
只能收縮 ………… 6

上臂的「小老鼠」
是肱二頭肌 ………… 8

大腿的股四頭肌是
人體最大的肌肉 ………… 10

厚實的胸膛是
胸大肌塑造出來的 ………… 12

Coffee Break 「比目魚肌」為什麼
叫做比目魚？………… 14

鍛鍊肌肉吧

肌肉的本質是2種
不同粗細的纖維 ………… 16

肌肉發達則
肌纖維會變粗 ………… 18

想增加肌肉就要刺激
「快縮肌」哦！………… 20

若用較輕的荷重鍛鍊
就持續出力吧 ………… 22

在家裡也能做的肌肉訓練方法

以一個星期2～3次為目標
進行肌肉訓練 ………… 24

有效伏地挺身
的方法 ………… 26

練成塊塊分明的腹肌
其祕訣在這裡 ………… 28

使用啞鈴鍛鍊
小老鼠吧 ………… 30

塑造美麗下半身
的深蹲 ………… 32

Coffee Break 渾身充滿肌肉
的牛 ………… 34

利用伸展操保養肌肉

柔軟的身體
究竟是什麼意思？………… 36

錯誤的伸展操
會造成反效果！………… 38

有效的
伸展操做法 ………… 40

腰部伸展操也能消除
遠距辦公的疲勞！………… 42

利用開腿伸展操
放鬆身體 ………… 44

意想不到的肌肉科學

增加肌肉可以
有效預防糖尿病 ………… 46

肌肉也會
影響壽命 ………… 48

老化過程中
從快縮肌開始衰退 ………… 50

為什麼會發生
肌肉疼痛 ………… 52

肌肉疼痛的
預防與治療 ………… 54

肌肉受傷之「肌肉拉傷」
是怎麼回事？………… 56

肌肉喜歡
什麼樣的飲食？………… 58

Coffee Break 「年紀大則肌肉疼痛會
延遲」是誤解 ………… 60

肌肉和運動能力的祕密

支撐起步衝刺的
強健肌肉 ………… 62

阿基里斯腱掌握著
世界紀錄的關鍵 ………… 64

短跑運動員不需要
手腳的多餘肌肉 ………… 66

舉重選手能發揮
「蠻力」………… 68

肌肉中的粒線體增加，
則運動能力會提升 ………… 70

運動能力也有
與生俱來的特質 ………… 72

Coffee Break 「運動神經」
這種神經並不存在 ………… 74

Coffee Break 擅長運動的關鍵在於
動作偏差的自覺 ………… 76

利略

0

肌肉的基本知識

體重的40%是由肌肉所構成

肌肉也會影響我們的健康

我們能夠驅動身體，是因為體內有肌肉。雖然都統稱為肌肉，但可以分為布滿全身的骨骼肌（skeletal muscle）、使心臟規律跳動的心肌（cardiac muscle）以及覆蓋血管及內臟的平滑肌（smooth muscle）這3大類。其中，能使身體做出各種動作的肌肉是骨骼肌。以成年男性來說，骨骼肌約占體重的40%（骨骼肌的比例依性別及年齡而不同）。在本書中，只要沒有特別強調的話，都是把骨骼肌稱為肌肉。

近年來的研究逐漸闡明，人體擁有的大量肌肉，並不是單純地用來驅動身體而已，對於維持全身的健康也有重要作用。也就是說，鍛鍊肌肉不只能提升運動的表現、塑造優美的體態，對維持健康來說也很重要。

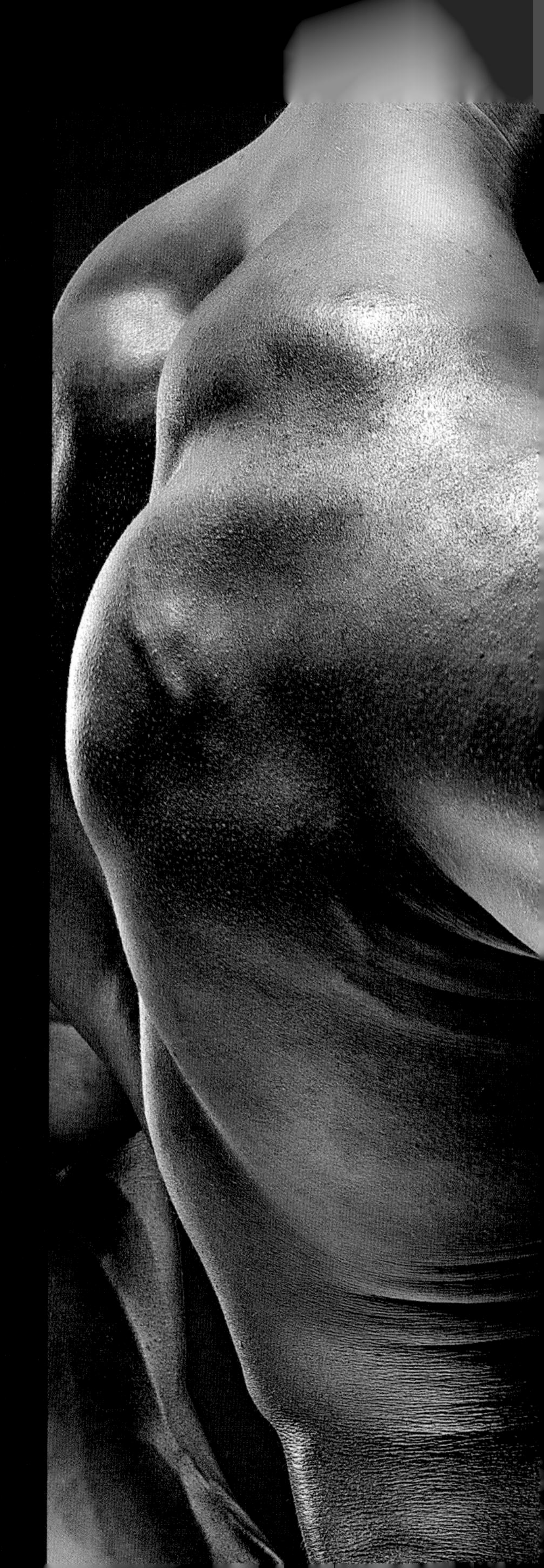

肌肉的基本知識

肌肉的比例比體重的數字更重要

要多加注意「隱性肥胖」

再更加詳細說明肌肉和體重的關係吧！我們往往會很在意體重的數字，不過，如果只注意體重數字並不是聰明的方法。為什麼呢？因為即使是相同的身高、體重，有些人肌肉的比例比較多，有些人則是體脂肪的比例比較高。

一般來說，以相同體積來做比較的話，肌肉的重量約是脂肪組織的1.2倍。反之，以相同的重量來做比較時，脂肪組織的體積約是肌肉的1.2

倍。也就是說，肌肉的比例越高，越會給人「結實」的印象。

有些人雖然體重的數字在標準範圍內，但體脂肪率比較高，這樣的狀態稱為「隱性肥胖」。肥胖伴隨著多種疾病的風險，尤其是當內臟周圍堆積太多脂肪的話，就很容易誘發糖尿病和高血壓。

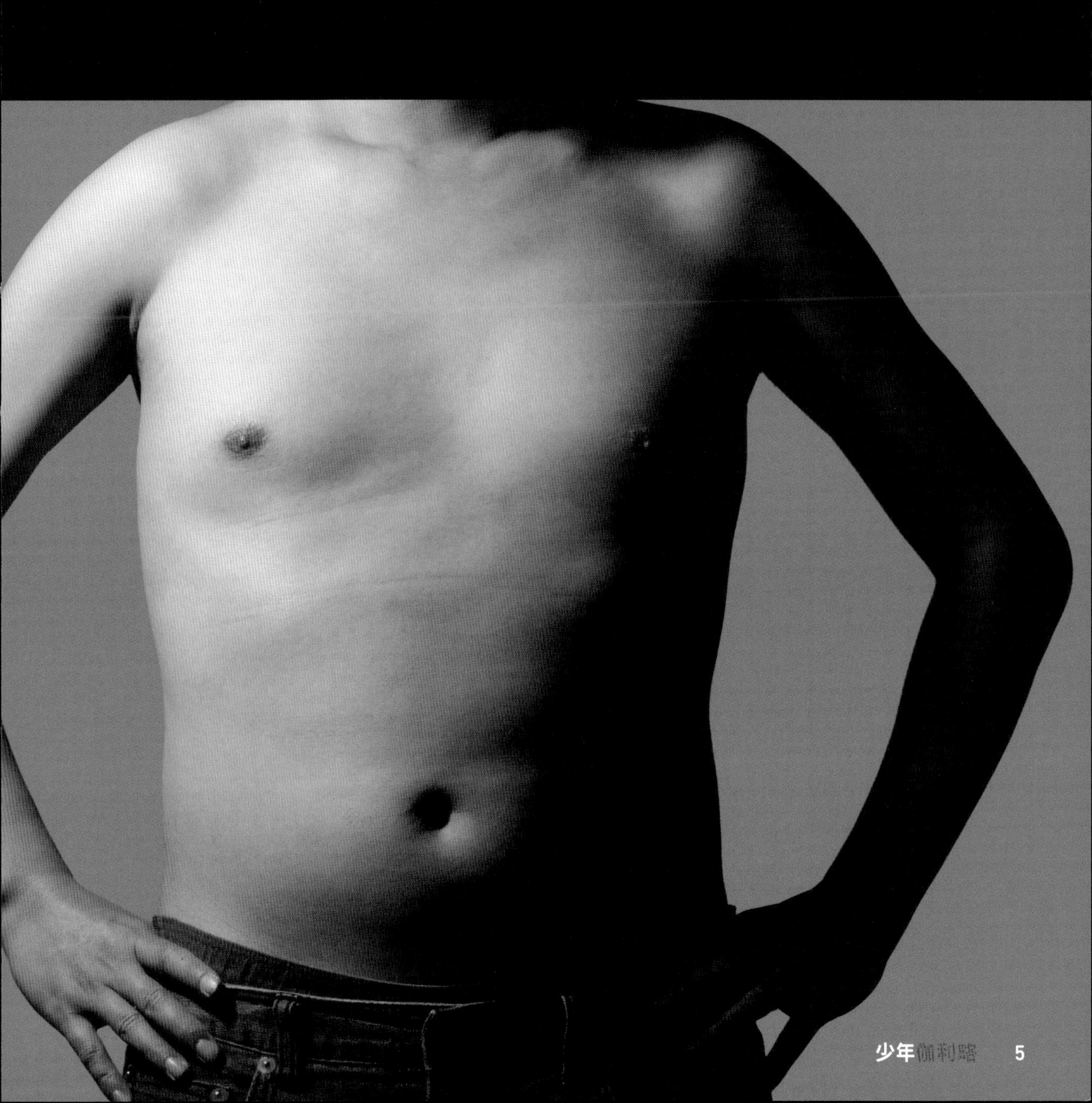

肌肉的基本知識

肌肉
只能收縮
一邊的肌肉收縮時，另一邊的就會舒張

我們身體的肌肉大多數跨接在兩根骨骼上，若把骨骼上下左右移動或旋轉，就能使身體做出各種動作。不過，並非是肌肉本身什麼動作都能做得出來，事實上肌肉本身只能朝收縮的方向使力。

當你試圖彎曲手肘時，彎曲手肘的原動力是由手臂的「肱二頭肌」（biceps brachii）收縮所產生的（左圖）。於此同時，「肱三頭肌」（triceps brachii）舒張開來。相反

肌肉的作用與截面圖

下圖所示為手肘彎曲時的肌肉狀態。右頁為手臂的截面圖。

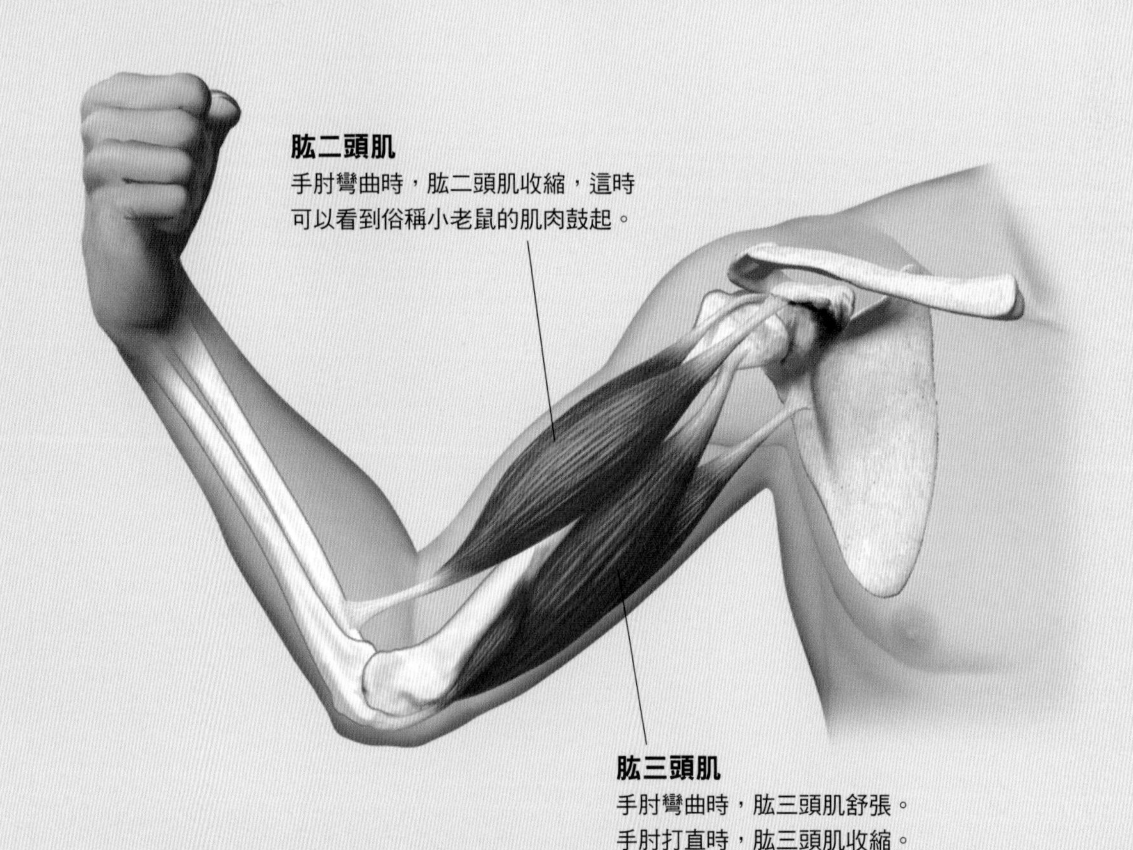

地，當你想要把手肘打直時，則是肱三頭肌收縮，肱二頭肌舒張。

像這樣牽動骨骼時，通常是產生主要原動力的肌肉收縮，同時鄰近的肌肉則做出相反的動作。而且，在做出一個動作的時候，大多要靠許多條肌肉協調合作才能完成。

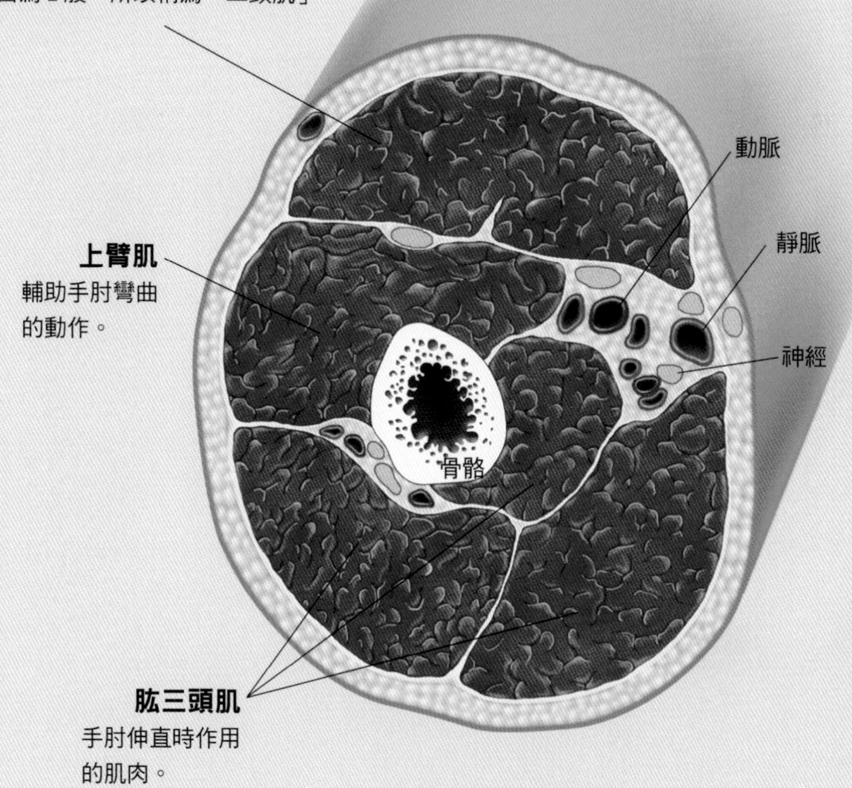

肌肉的基本知識

上臂的「小老鼠」是肱二頭肌

支持肩膀、手肘、手腕、手指等複雜動作的肌肉群

接著，來看看牽動肩膀和手臂的肌肉吧！

包覆肩膀的大塊肌肉是「三角肌」（deltoid muscle），這塊肌肉與牽動肩膀時的絕大多數動作有關。

彎曲手肘時，上臂（整條手臂中手肘以上的部分）的前側會拱起一塊「小老鼠」，它的本體就是肱二頭肌。用於彎曲手肘、把下臂（手臂之中手肘以下的部分，也稱前臂）往外側旋轉、牽動肩膀等。肱二頭肌從肩

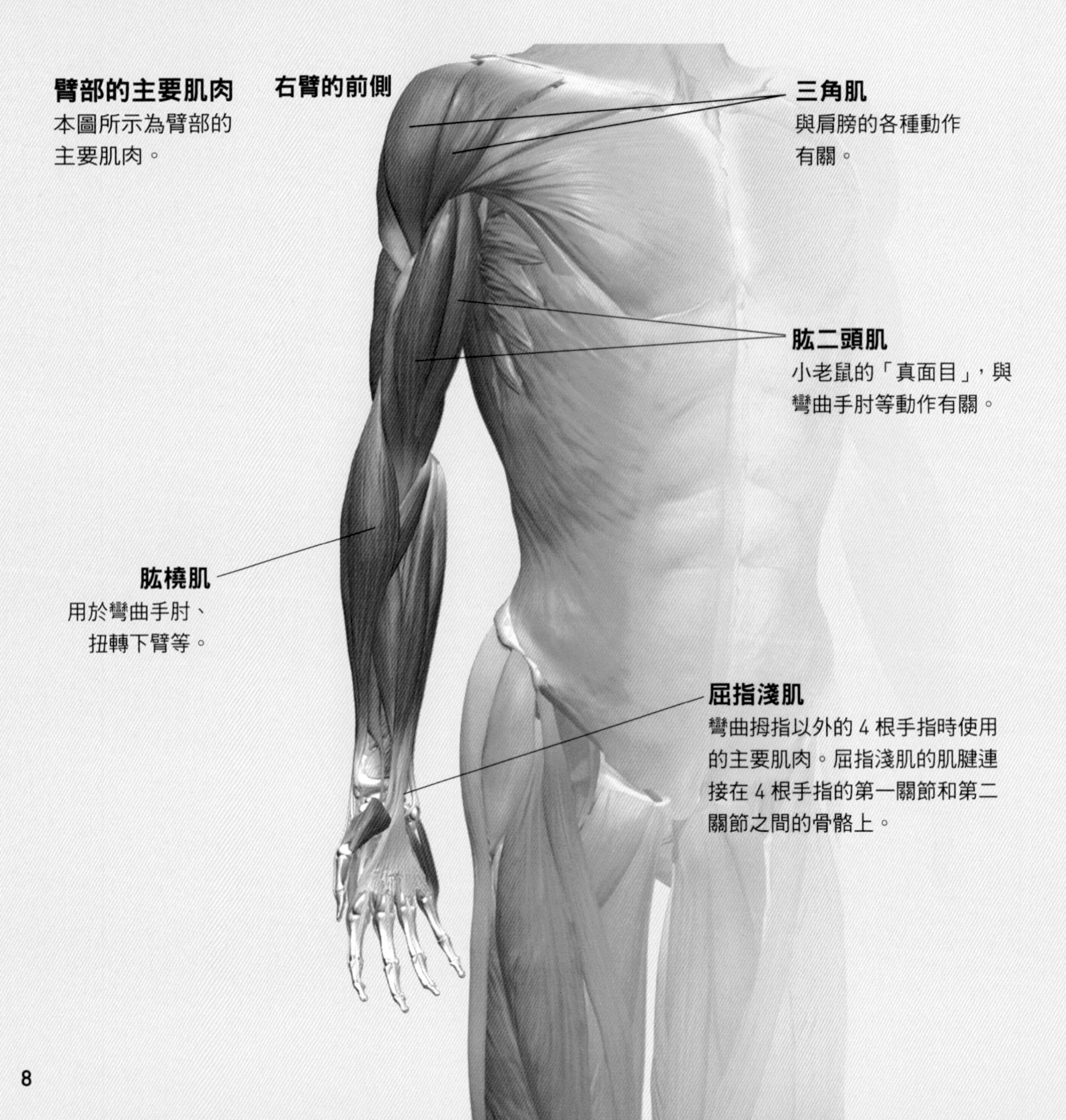

膀的肩胛骨開始，跨過肩關節、肘關節，連接下臂的骨骼。肌肉和骨骼的接合部位稱為「肌腱」（tendon）。

位於上臂後側的「肱三頭肌」用於伸直手肘、牽動肩膀等。

此外，下臂有許多條細肌肉，主要與手腕及手指的動作有關。

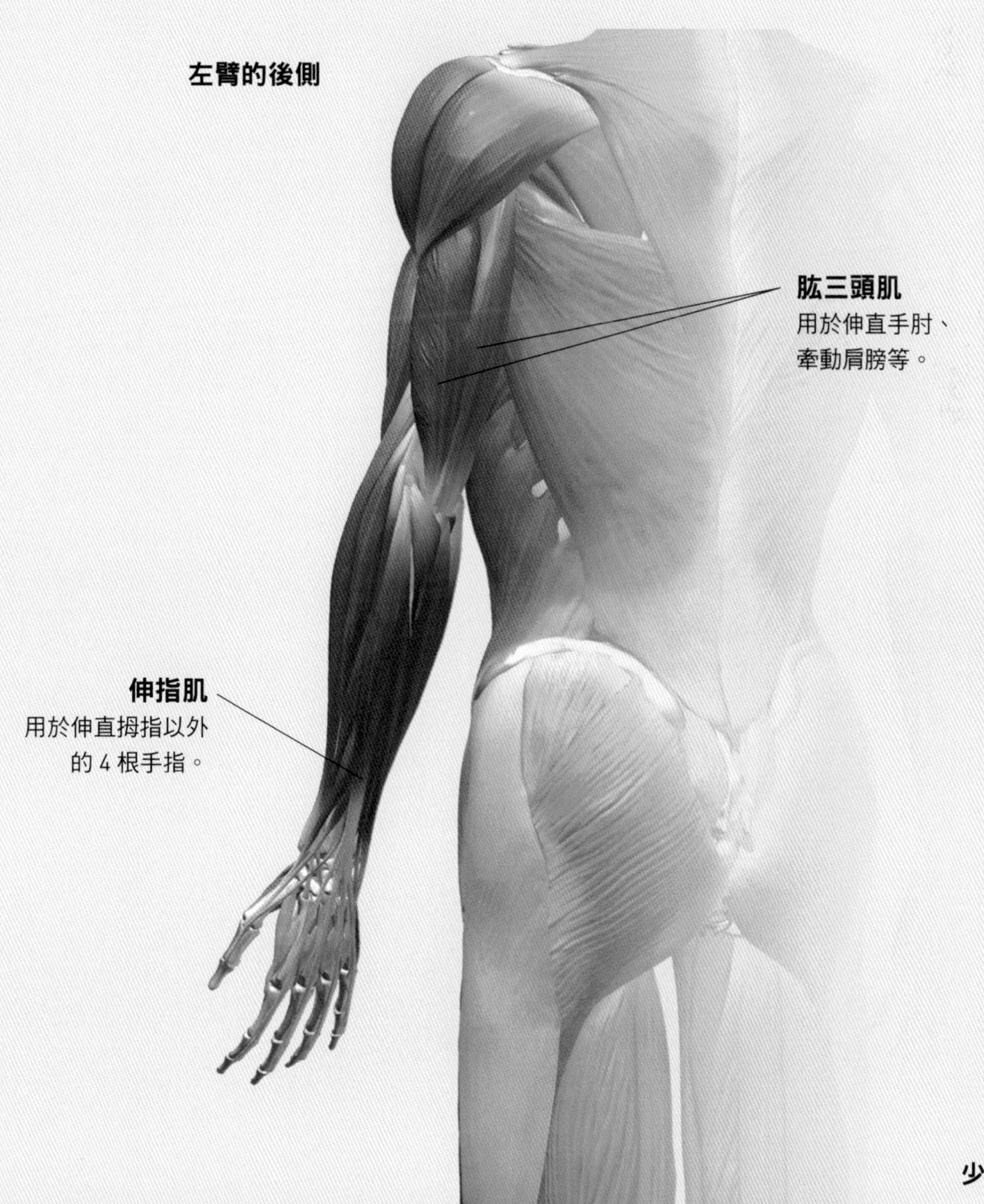

肌肉的基本知識

大腿的股四頭肌是人體最大的肌肉

阿基里斯腱是延伸腳跟肌肉的肌腱

位於大腿前側的「股四頭肌」（quadriceps femoris）是4塊肌肉的總稱。股四頭肌主要負責伸直膝部的動作，與大腿朝前方抬起的動作也有部分關係。股四頭肌是人體中體積最大的複合肌（數塊合而為一的肌肉）。

位於大腿後側的3塊肌肉統稱「大腿後肌」。大腿後肌負責彎曲膝部的動作，以及把大腿往後抬起的動作。

小腿肚的肌肉統稱為「小腿三頭

腿部的主要肌肉

圖中所示為腿部的主要肌肉。

前側

股外側肌
股四頭肌的 4 塊肌肉之一。負責伸直膝部的動作。

股直肌
股四頭肌的 4 塊肌肉之一。除了負責伸直膝部的動作之外，和大腿朝前方抬起的動作也有關。

股中間肌
股四頭肌的 4 塊肌肉之一。位於比較深的部位，所以在本圖中看不到。

股內側肌
股四頭肌的 4 塊肌肉之一。負責伸直膝部的動作。

肌」，主要的作用是伸直腳踝。小腿三頭肌的末端則成為強壯的肌腱，連接到腳跟骨，這個肌腱稱為阿基里斯腱（Achilles Tendon）。

臀部的「臀大肌」是把大腿往後抬起的主要動力源。以單獨的肌肉來說，它是人體中最大塊的。

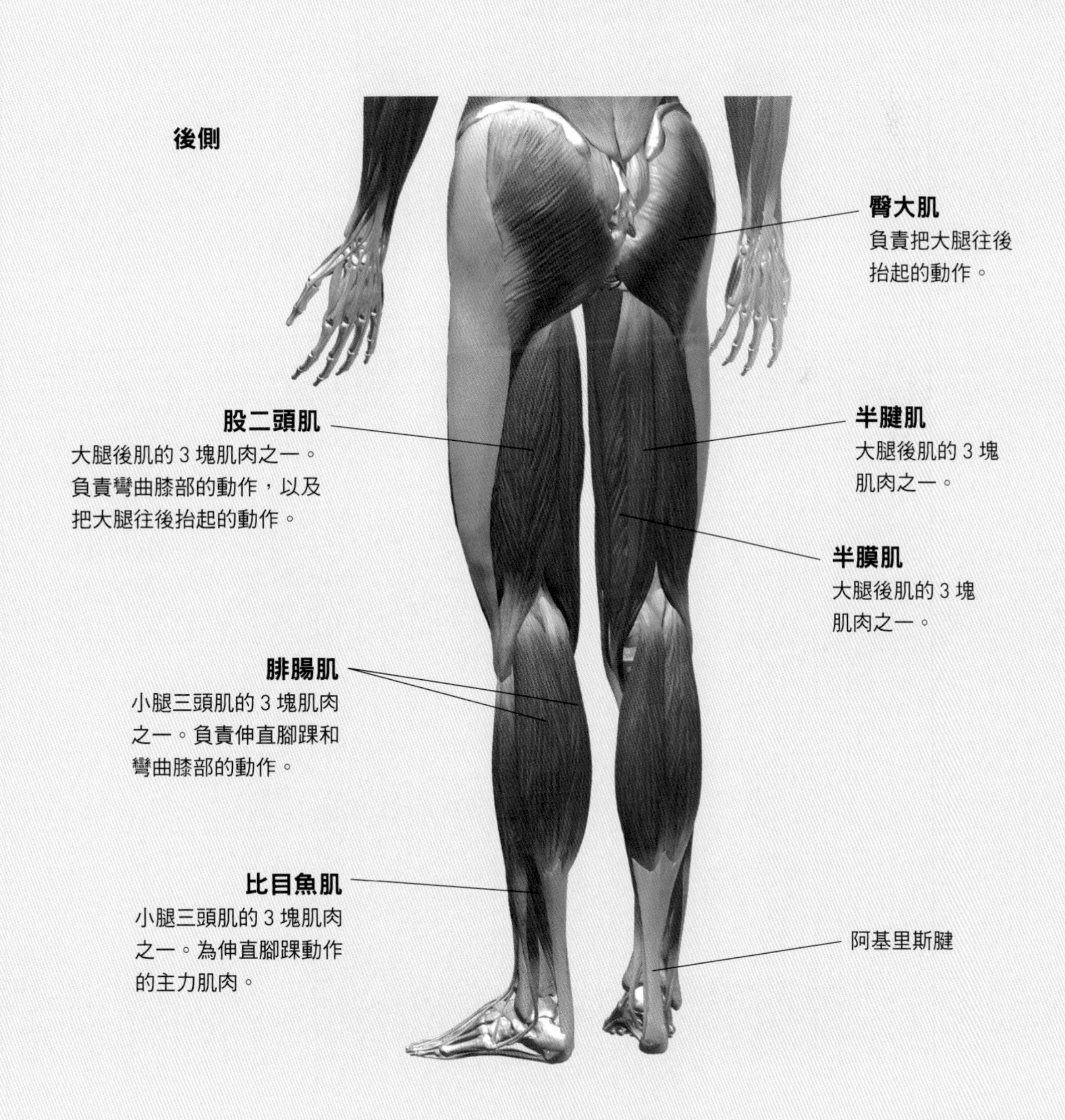

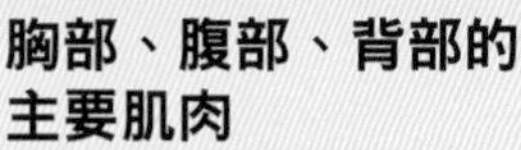

厚實的胸膛是胸大肌塑造出來的

「塊塊分明的腹肌」是腹直肌產生的效果

厚實的胸膛可說是軀體鍛鍊成功的象徵。胸膛的本體是「胸大肌」（pectoralis major）。負責產生肩部（臂部）的各種動作。

腹部則有「腹直肌」，也就是一般所說的腹肌。腹直肌除了負責把背部往前彎曲的動作，也具有保護內臟的作用。

背部的上段廣布著「斜方肌」，主要負責牽動「肩胛骨」的作用。

背部的下段廣布著「背闊肌」，穿

胸部、腹部、背部的主要肌肉

圖中所示為胸部、腹部、背部中的主要肌肉。

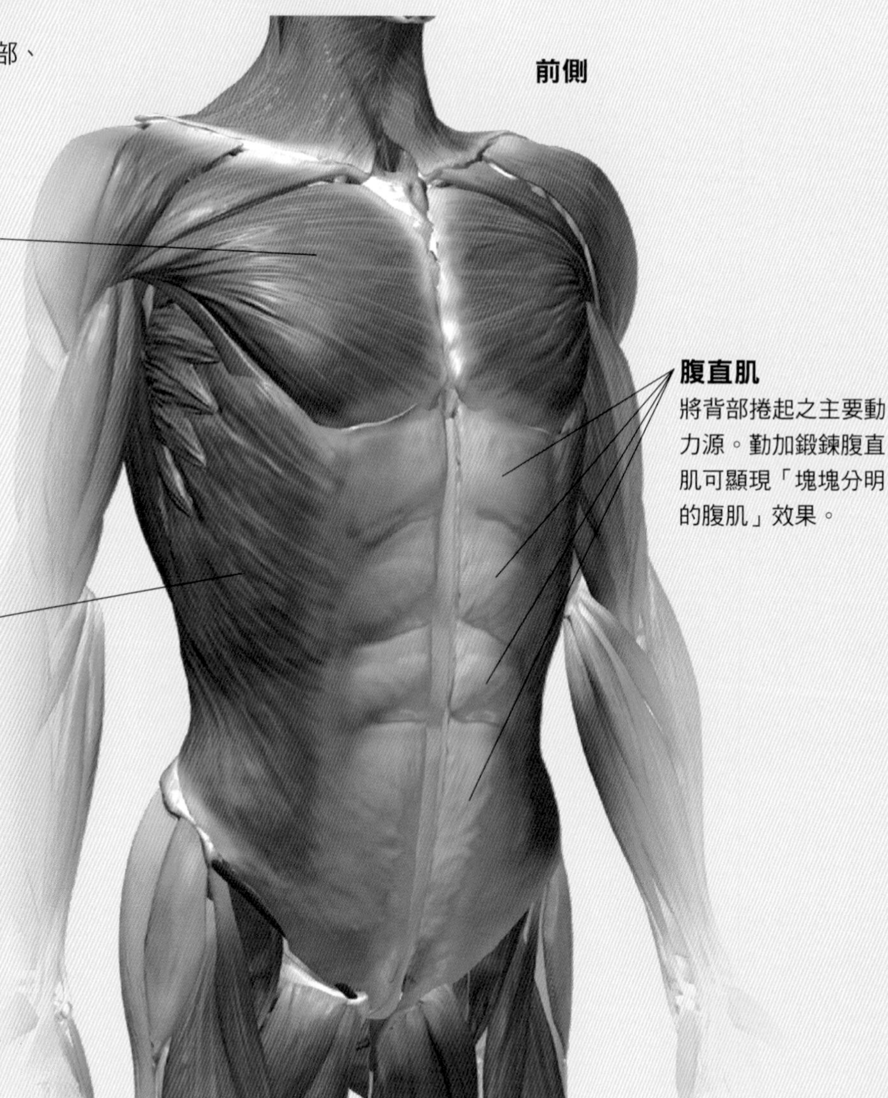

過腋下連接到上臂的骨骼，是人體中面積最大的肌肉，與把臂部從前方往下拉的動作有關。

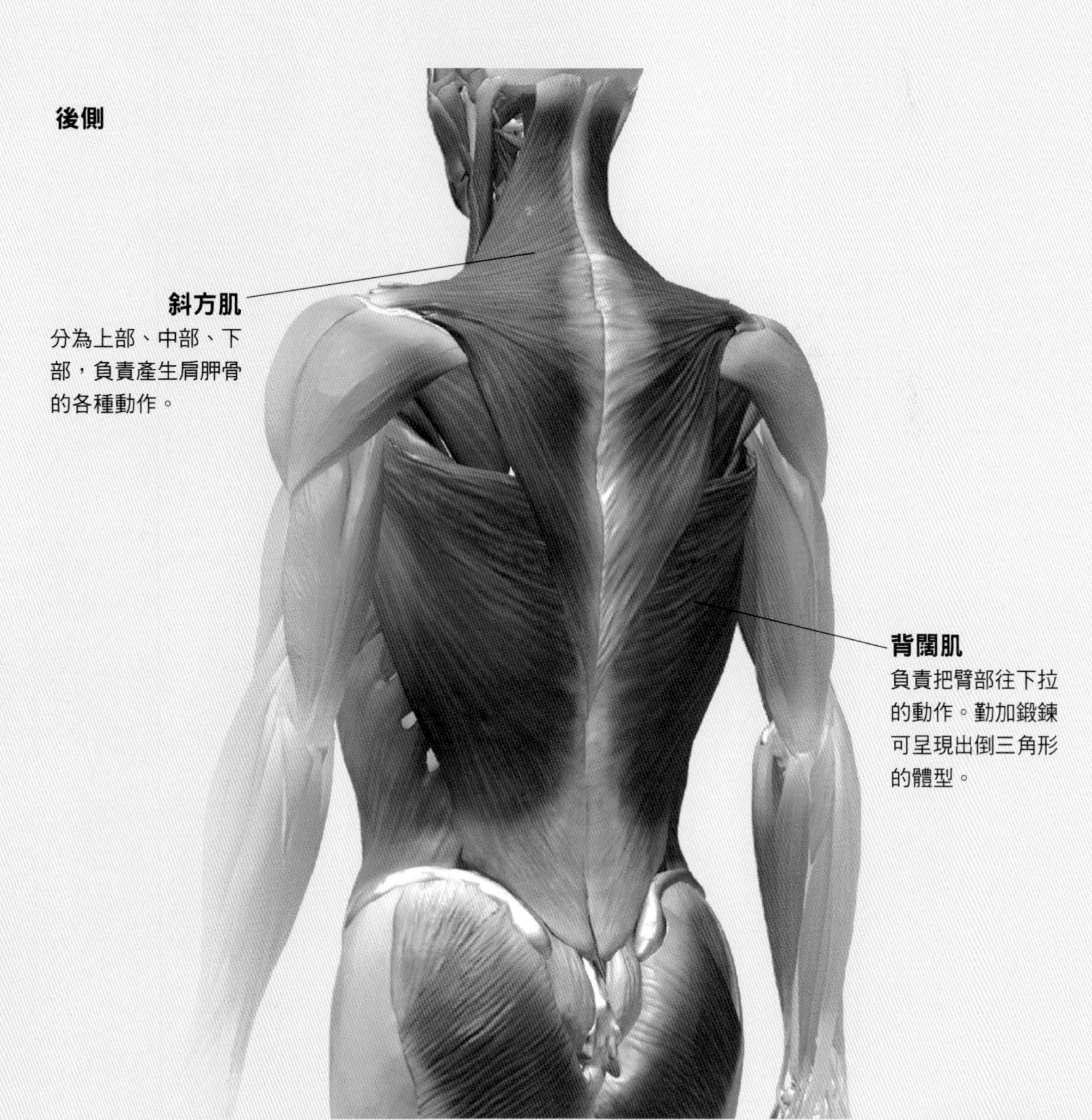

Column

Coffee Break

「比目魚肌」為什麼叫做比目魚？

有些肌肉的名稱非常有趣，例如在第11頁稍微介紹過的「比目魚肌」。

比目魚肌之名似乎是因為它和比目魚的形狀相像。下圖描繪了比目魚肌的模樣，形狀又扁又平，確實和比目魚非常相似。

不過，還是會有人不太能接受這個說法吧？比目魚應該沒有這麼細長才

比目魚肌的形狀

小腿後側鼓起的小腿肚本體是「腓腸肌」。比目魚肌位於腓腸肌的內側深處。右圖所示為取走腓腸肌的狀態，可以看到比目魚肌呈現扁平而細長的形狀。

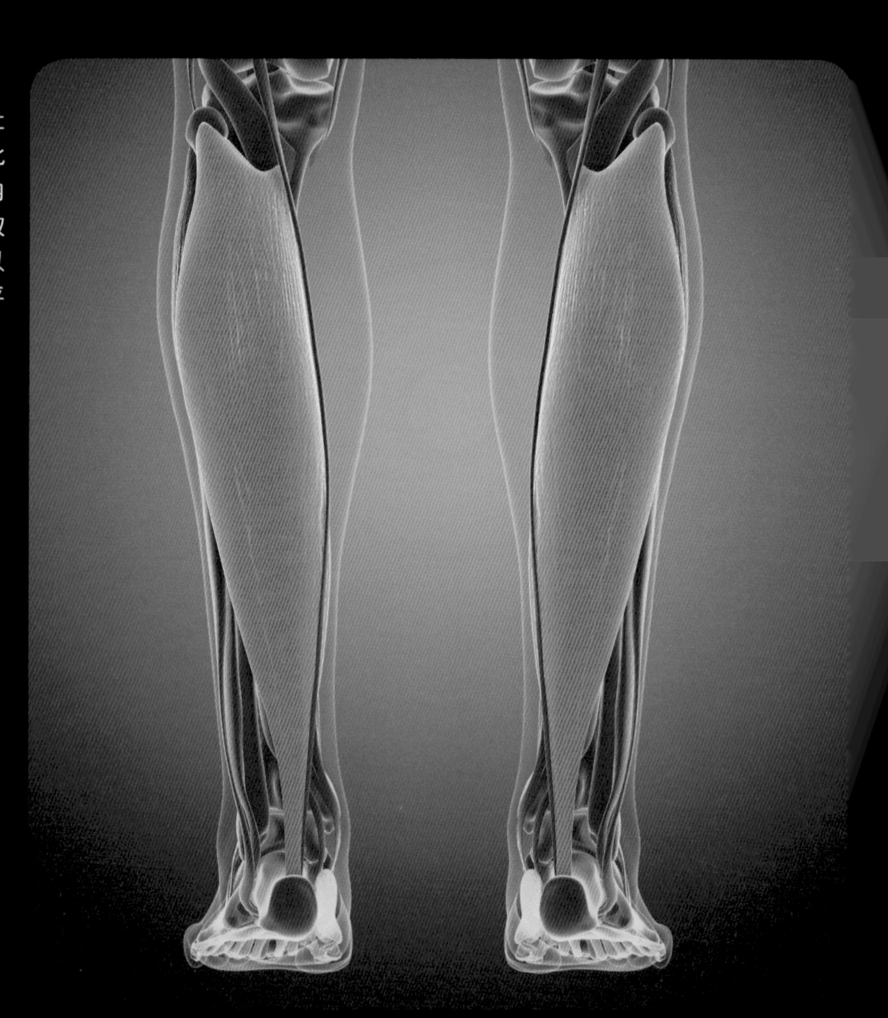

對。事實上，比目魚肌的形狀比較接近右頁圖的「舌鰨」（龍脷），中文稱之為比目魚肌並不夠貼切。再者，以英文來看，比目魚是flounder，舌鰨是sole，對應到比目魚肌的英文soleus muscle就一目了然了。

舌鰨並非比目魚，而是鰈形目舌鰨科的總稱，與鰈科的比目魚是不同的種類。

那麼，如果不叫做比目魚肌，而改稱之為舌鰨肌，或是龍脷肌呢？嗯……還是照舊稱為比目魚肌比較順口吧！

鍛鍊肌肉

肌肉的本質是2種不同粗細的纖維

肌肉利用纖維滑動而收縮

肌肉的構造和收縮機制

下圖所示為肌肉的構造。肌肉是由肌纖維集結而成，右圖則顯示肌肉收縮的機制。纖維以滑動的方式縮短，使得肌肉收縮，此時會消耗能量。

究竟肌肉是利用什麼樣的機制收縮呢？肌肉是由許多「肌束」（fasciculus muscle）集結而成，而肌束則是由稱為「肌纖維」（myofiber）的細長纖維組合而成。一條一條的肌纖維相當於一個個的細胞，即使是長達50公分左右的大腿肌肉肌纖維，也是一個細胞。不過，肌纖維是由多個細胞融合而成的細胞，一條肌纖維裡面有許多個細胞核。

肌纖維裡面又聚集著許多「肌原纖維」（myofibril），由2種不同粗細的「肌絲」規律地交錯排列構成。粗肌絲的主要成分為「肌凝蛋白」（myosin，肌球蛋白），細肌絲的主要成分則為「肌動蛋白」。

當接收到要收縮肌肉的訊號時，肌凝蛋白纖維（粗肌絲）會把肌動蛋白纖維（細肌絲）拉過來，使兩條纖維滑動。結果，整條肌原纖維縮短，便導致肌肉收縮。

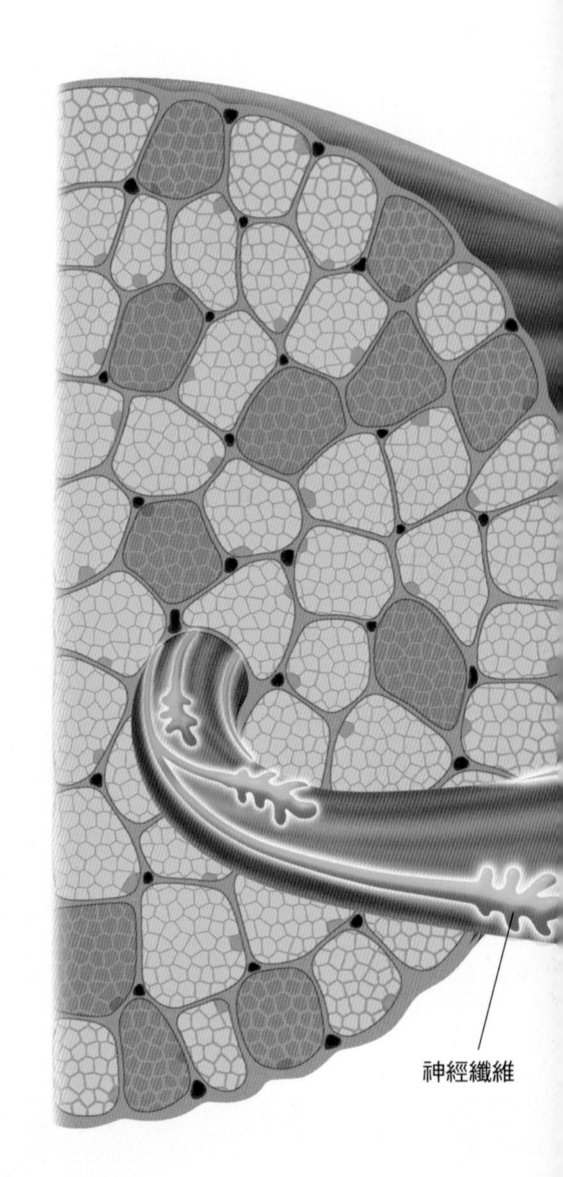

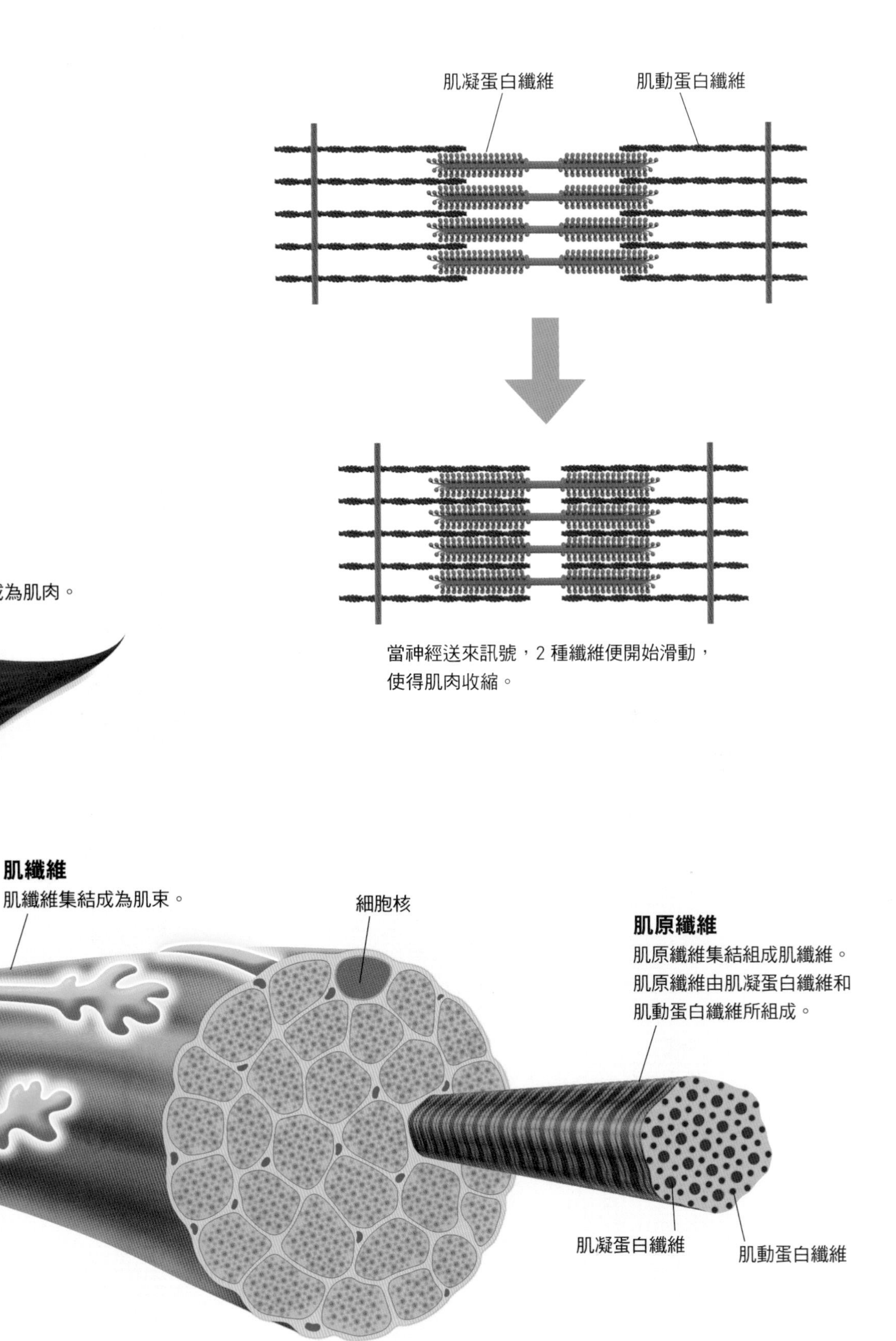
肌凝蛋白纖維
肌動蛋白纖維
當神經送來訊號，2 種纖維便開始滑動，
使得肌肉收縮。
肌束
肌束集結成為肌肉。
肌纖維
肌纖維集結成為肌束。
細胞核
肌原纖維
肌原纖維集結組成肌纖維。
肌原纖維由肌凝蛋白纖維和
肌動蛋白纖維所組成。
肌凝蛋白纖維
肌動蛋白纖維

鍛鍊肌肉

肌肉發達則肌纖維會變粗

定期地施行訓練很重要

藉由訓練不斷地收縮肌肉，活化肌纖維內合成蛋白質的「裝置」（核糖體），以便合成更多的肌凝蛋白和肌動蛋白。結果，會使肌纖維變粗，也就是鍛鍊出強壯的肌肉。如果持續進行定期訓練，核糖體本身的數量便會增加。這些都是促使肌肉發達的重要因素。

肌纖維的外側表面附著許多「肌衛星細胞」（myosatellite cell），當肌肉受損時，這些細胞便能發揮作用以修復肌肉。如果進行訓練，這種肌衛星細胞會分裂增生，並且與肌纖維融合，使得肌纖維變粗。

順帶一提，以前人們都以為肌纖維本身的數量不會增加。但近年來則逐漸認為，藉由訓練，肌衛星細胞會分裂、彼此融合，製造出新的肌纖維。

對肌肉施加強大負荷

訓練後會發生什麼情形？

以下為鍛鍊肌肉的機制。肌肉會依循下列3個機制變大。
①在肌纖維內合成大量的蛋白質
②肌衛星細胞分裂增生，與肌纖維融合
③肌衛星細胞分裂並互相融合，形成新的肌纖維
各項機制在圖中以編號分別表示。

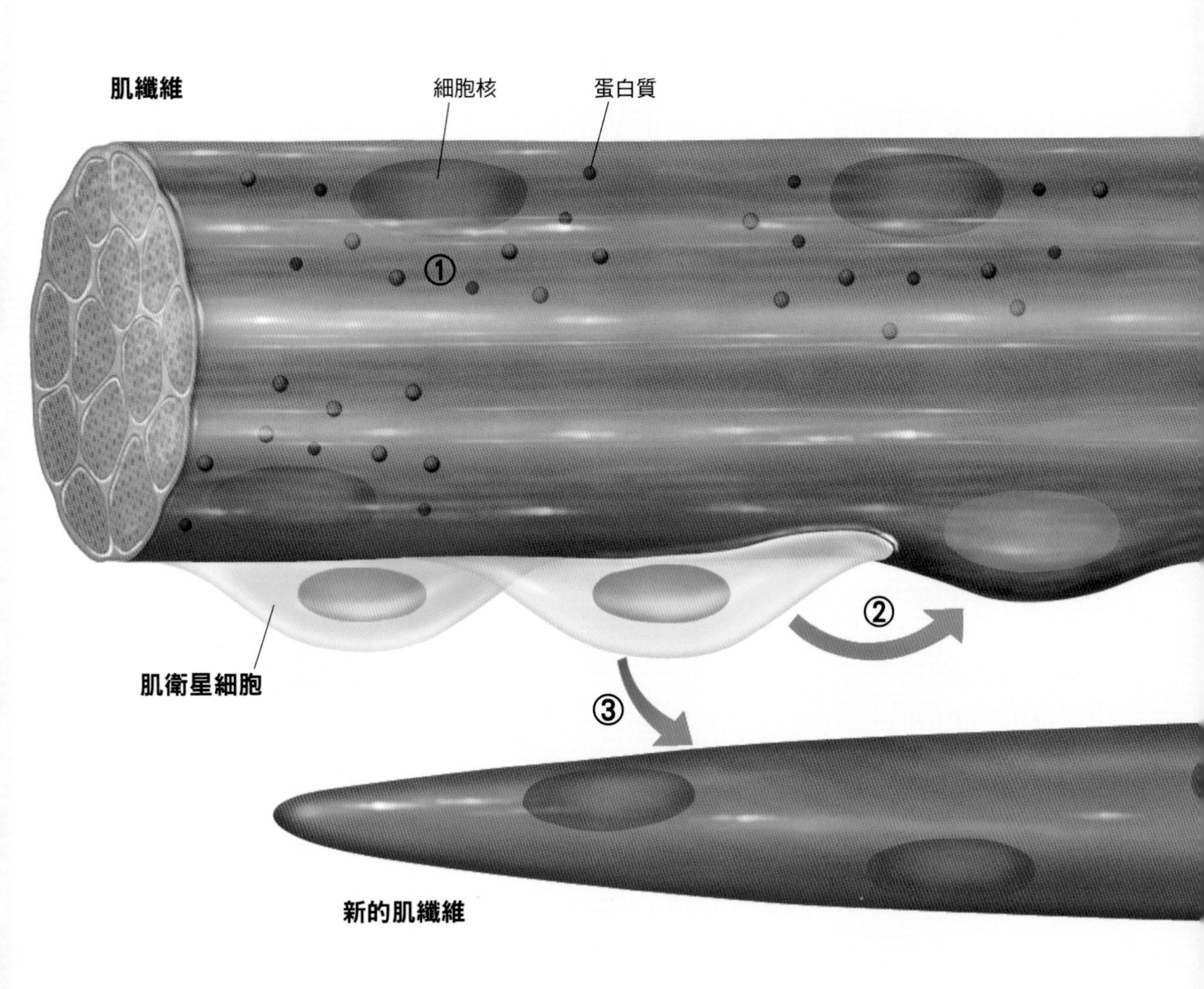

鍛鍊肌肉

想增加肌肉就要刺激「快縮肌」哦！

不過必須施加強大的負荷

構成肌肉的肌纖維主要分為兩種型態：持久力優異的「慢縮肌纖維」和爆發力強勁的「快縮肌纖維」。快縮肌纖維的特性是能夠產生巨大的力量，但容易疲勞。

若想有效率地增加肌肉量，最重要的觀念就是使用「快縮肌纖維」。事實上，前頁所說的肌肉量增加，主要發生在快縮肌纖維。但麻煩的是，我們在日常生活中進行負荷較輕的動作時，並不是使用快縮肌纖維，而是優先使用慢縮肌纖維。

因此，若想要增加肌肉量，就需要施加更大的負荷，才能夠使用到快縮肌纖維。

訓練中所施加負荷大小與效果的指標

負荷的大小（%）	能夠重複的次數	主要效果
100	1	使神經更加發達（增加肌力）
95	2	
90	4	
85	6	增加肌力與肌肉量
80	8	
75	10～12	
70	12～15	
65	18～20	提升肌耐力
60	20～25	
50	30～	

本表為設定只能重複1次的負荷大小（只舉起1次啞鈴的重量等）為100%時，負荷大小與訓練效果的指標。負荷為90%以上時，比起發達的肌肉，提升神經機能更能增加所發出之力的大小。
（本表改編自Fleck and Kraemer,1987）。

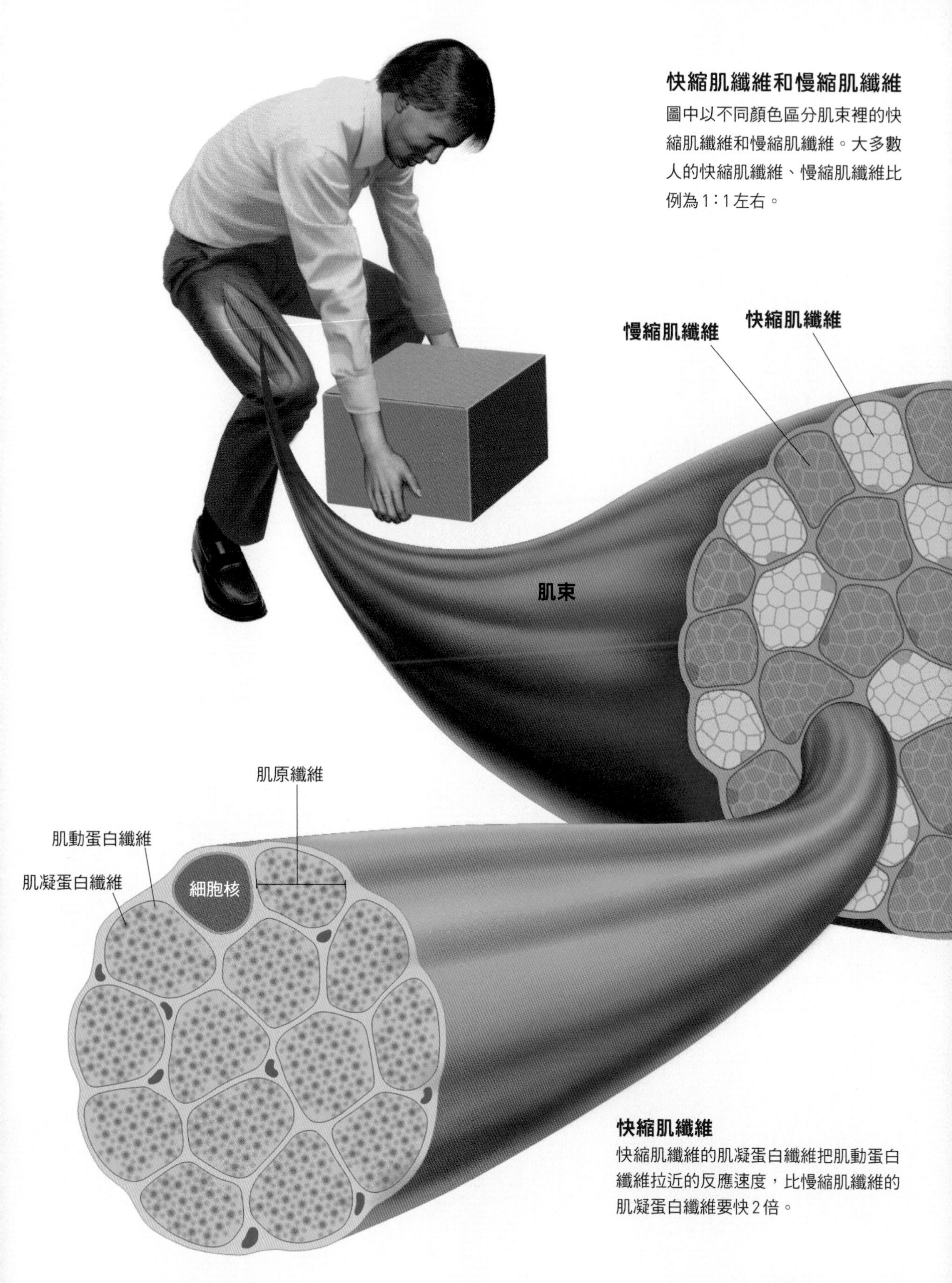

快縮肌纖維和慢縮肌纖維

圖中以不同顏色區分肌束裡的快縮肌纖維和慢縮肌纖維。大多數人的快縮肌纖維、慢縮肌纖維比例為1：1左右。

快縮肌纖維

快縮肌纖維的肌凝蛋白纖維把肌動蛋白纖維拉近的反應速度，比慢縮肌纖維的肌凝蛋白纖維要快2倍。

鍛鍊肌肉

若用較輕的荷重鍛鍊就持續出力吧

抑制血液流動量，使快縮肌纖維容易被用到

專家已開發出一些訓練的技巧，可以利用較輕的負荷優先刺激快縮肌纖維，其中一種就是抑制流入肌肉的血液量。

慢縮肌纖維在作用時必須耗費大量的氧，因此，如果抑制流入的血液量，便能阻止氧的運送，進而抑制使用慢縮肌纖維。這麼一來，便比較容易用到快縮肌纖維。而要抑制血液流量的話，可以使用加壓帶綁束（加壓訓練），不過最安全且也容易進行的方法，是採取非常緩慢的訓練動作，對肌肉長時間地持續施力（慢速訓練）。

對肌肉施力使其收縮，內部的血管會被擠壓而限制血流量。藉由進行緩慢的動作，長時間限制流入肌肉的血液量，就能使快縮肌纖維得到運用。不過，這種方法也需要達到某個程度的負荷才行。

在家裡也能做的肌肉訓練方法

以一個星期2～3次為目標進行肌肉訓練

在家裡也能做到某個程度的訓練

想要鍛鍊肌肉，必須做一些對肌肉施加負荷的動作。基本上，設定只能重複做1次的最大限度負荷的大小為100%，以其70～80%的負荷，達到極限的次數即可（在大多數狀況下，以8～12次為極限）。

若要施加這樣的高負荷，好像必須前往設備齊全的健身房才行吧！不過，根據近年來的研究逐漸得知，在某些狀況下，即使僅為最大限度之30%的輕負荷，只要把這個動作重複做到無法再繼續做下去的程度，藉此

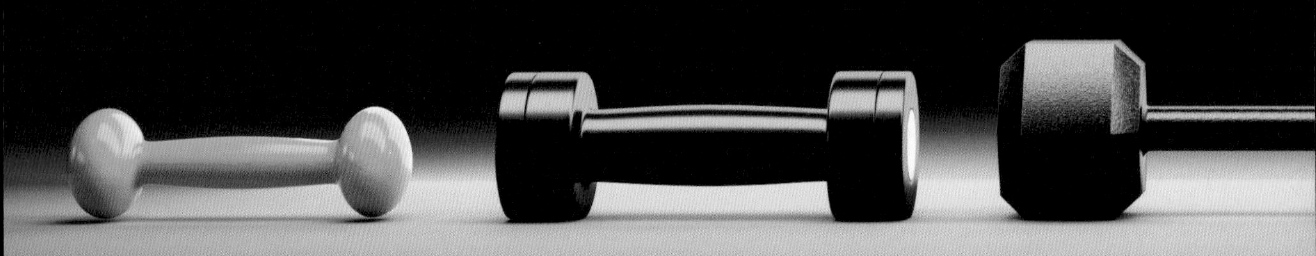

逼迫肌肉，也能達到媲美重負荷的效果。30%的話，只需利用自己的體重及簡單器具就能實行了。

如果加入慢速訓練的要素，舉起3秒，放下3秒，不要放鬆力氣，按部就班地做下去，效果應該會更加顯著。訓練的目標訂定1天做3組動作，以一個星期2～3次的頻率去做即可。

在家裡也能做的肌肉訓練方法

有效伏地挺身的方法

適合作為上半身的綜合訓練

這邊要介紹幾個在家裡也可以做，不須擁有特別肌力也可以簡單展開的代表性訓練方法。

第一個是「伏地挺身」。或許伏地挺身給人鍛鍊臂部的強烈印象，但其實它主要是鍛鍊胸大肌（胸膛的肌肉）。除了胸大肌之外，也能鍛鍊到肩部的三角肌與臂部的肱三頭肌。

通常兩臂張開的寬度為肩寬的1.5倍左右，如果把兩臂張開的寬度加大，對胸大肌施加的負荷也會增加。反覆做緩緩伸直手肘把身體撐起來，

兩臂張開到肩寬的1.5倍左右，將雙手放在地上。身體保持一直線，使用兩手掌和兩腳尖支撐身體。

肘部貼近軀幹，緩緩彎曲到略小於90度，讓身體下降到即將碰到地面。然後，將身體保持一直線，回復原來的狀態。儘量讓身體降到最低，無法降到很低的人可以把膝部抵住地面，以便減輕負荷。降到最低是最高原則。

再緩緩彎曲手肘讓身體下降的動作。注意儘量使身體從頭到腳保持一直線，可以達到更好的效果。

負荷太強的話，可以採取膝部觸地的姿勢。負荷不足的話，不妨把腳擱到椅子等物體上，以便增強負荷。

在家裡也能做的肌肉訓練方法

練成塊塊分明的腹肌其祕訣在這裡

進行腹肌運動時，注意不要使用反作用力

膝部輕輕拱起，仰天躺下，兩手交疊放在胸前。

擁有塊塊分明的腹肌，可說是健美的象徵，然而想要擁有這樣的腹肌，就必須鍛鍊腹直肌。腹直肌的訓練中最廣為人知的就是腹肌運動，種類有很多，此頁要介紹的是「仰臥起坐」。

做仰臥起坐時，首先仰天躺下，然後兩膝彎曲併攏拱起。在這樣的狀態下，把背部拱起，緩緩抬起上半身，使胸部靠向膝部，此時不能使用反作用力（反彈力）抬起身體，接著緩緩地回復原來的姿勢。

仰臥起坐這項訓練對於負責把大腿往前抬起的「髂腰肌」（Iliopsoas muscle）也有效果。做這個動作時，不要以股關節做為支點，而是要儘量把背部拱起來，以便增加施加於腹直肌的負荷。

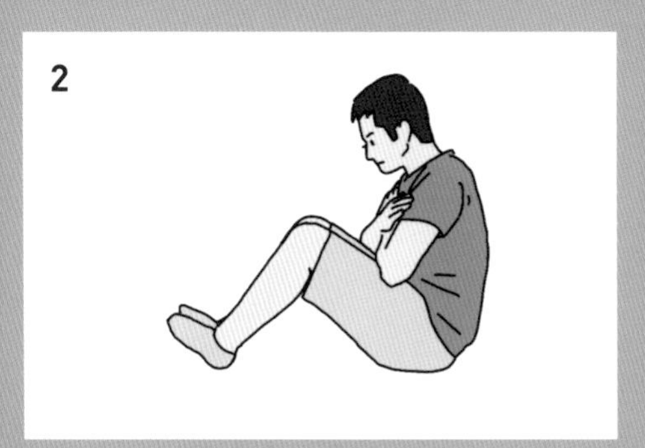

用力拱起背部，把上半身抬起來。然後緩緩地回復（1）。

做仰臥起坐時，藉由拱起背部，增加施加在腹直肌的負荷。此外，如果挺直背部做這個動作，將會提高腰痛的風險，必須注意。

在家裡也能做的肌肉訓練方法

使用啞鈴鍛鍊小老鼠吧

緩緩放下啞鈴的效果更好

小老鼠的真正名稱是「肱二頭肌」。如果想要鍛鍊肱二頭肌，一般來說，要使用啞鈴做訓練。如果手邊沒有啞鈴，拿個寶特瓶灌滿水就很好用。負荷不夠的話，把幾個灌滿水的寶特瓶裝入堅固的袋子，也是不錯的替代品。

在這裡要介紹的方法，是兩手握住啞鈴輪流舉起來的「啞鈴交替彎舉」。手握啞鈴，手掌朝向前方。在這個狀態下，舉起一手的啞鈴，然後把舉起的啞鈴放下的同時，舉起另一手的啞鈴。重複做這個動作。

放下啞鈴時，最好緩緩地放下，使負荷持續施加在肌肉上以達到更好的效果。此外，肘部不要完全打直，如此效果也會提高。肘部的位置維持在身體的側面或稍微前方。

1

在手掌朝向前方的狀態下，雙手握著啞鈴或代替的寶特瓶，筆直站立。

2

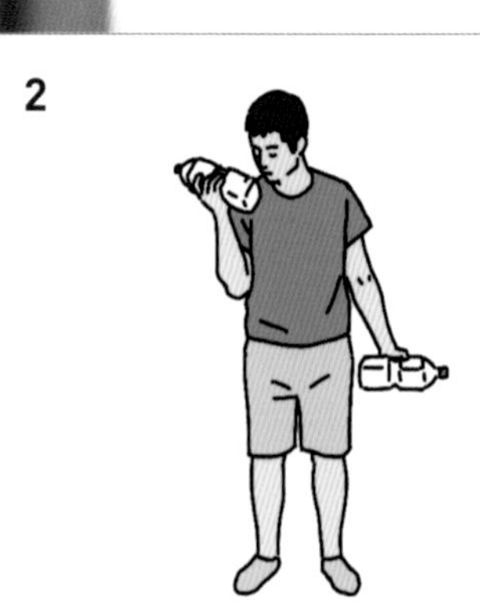

彎曲一邊的肘部，把寶特瓶舉起來。最好是以從小指一側舉起來的感覺來進行動作。

3

把舉起來的寶特瓶緩緩地放下，同時把另一邊的寶特瓶舉起來，注意肘部的位置不要前後移動或旋轉。

在家裡也能做的肌肉訓練方法

塑造美麗下半身的深蹲

往下蹲到大腿與地面平行

「深蹲」主要是鍛鍊股四頭肌的訓練，股四頭肌是位於大腿前側的肌肉。這個深蹲對腹部及骨盆周邊等下半身的全部肌肉都有效果，也就是說，進行深蹲的動作能夠綜合性地鍛鍊下半身。

做深蹲時，通常要將雙腳打開與肩同寬，兩手在胸前交疊。從這個狀態往下蹲低，直到大腿與地面平行。然後伸直雙腿，回到起始的狀態。背部不要捲曲，始終維持挺直的姿勢。

如果負荷不足，也可以握著裝滿水的寶特瓶等物體，以便加重負荷。

雙腳打開與肩同寬，兩手在胸前交疊，筆直站立。

背部保持挺直，臀部往後移，使上半身往前傾，同時慢慢地蹲低。蹲到大腿與地面平行，然後慢慢地回復原來的姿勢。

Column

Coffee Break

渾身充滿肌肉的牛

訓練肌肉時，無論採取何等慢速的訓練手法以求減輕 1 次動作的負荷，到頭來，還是必須做到再也無法繼續做下去的極限，實在很辛苦。

但是，在某些狀況下，即使沒有做什麼特別的運動，也能使肌肉發達到極限。例如「比利時藍牛」，便是以肌肉異常發達而聞名的牛（右圖）。

比利時藍牛是由於突變而造成「肌肉生長抑制素」（myostatin）這個基因產生變化的品種。肌肉生長抑制素原本具有抑制肌肉生長發達的作用，但比利時藍牛一生下來，肌肉生長抑制素就沒有正常地發揮作用，肌肉的生長無法受到抑制因而異常發達。不過，由於肌肉較多，作為肉牛可取得較多牛肉，所以就這點來說算是優良的家畜。

人類也曾有因肌肉生長抑制素的變異導致肌肉異常發達的案例。

利用伸展操保養肌肉

柔軟的身體究竟是什麼意思？

肌肉的可動範圍由神經決定

體操選手和瑜珈老師的身體柔軟到令人驚訝的地步。那麼，身體柔軟的人和僵硬的人究竟是什麼地方不一樣呢？

一般來說，身體僵硬會比較容易受傷，若想過著健康的生活，需要一定程度的柔軟度。

身體的柔軟度可以依照關節的活動範圍大小、活動的容易程度（阻力程度）來判斷。也就是說，關節越能夠在較大的範圍，以較小的阻力輕鬆地活動，柔軟度就越高。

決定柔軟度的要素可大致分為三項。第一項是「關節的構造」。關節的活動範圍，在某個程度上受到構造的限制。基本上每個人的關節構造都相同，但多少有個人差異。

第二項是「結締組織的特性」。結締組織是指肌肉、肌腱和韌帶等用於支撐關節的構造，或牽動關節的組織。由於年齡、性別、運動量等因素，造成伸展的容易程度（伸展性）及回復原狀的容易程度（彈性）不同，柔軟度也就隨之不同。

第三項是「神經的控制」。我們透過神經對肌肉發出指令，使身體做出各種動作。例如，彎曲膝部時，會由神經發出指令，將大腿裡側的肌肉收縮、外側的肌肉拉伸。這時，神經會限制肌肉及肌腱的活動強度和長度，以免肌肉及肌腱超過必要的伸縮而導致疼痛或受傷。

決定身體柔軟度的要素

柔軟度可以依照關節的活動範圍大小、關節的活動容易程度來判斷。下圖所示為決定柔軟度的三項要素。

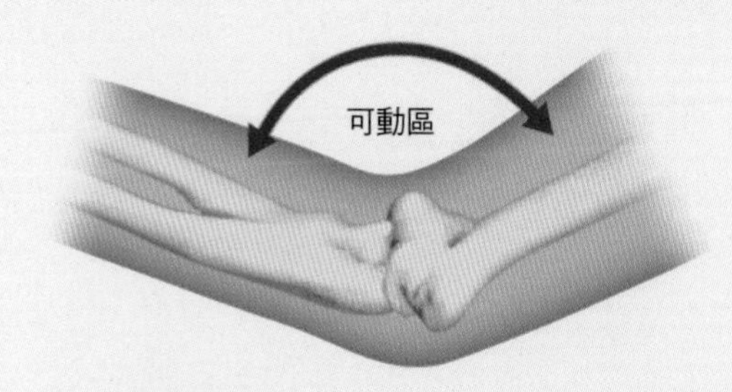

1. 關節的構造
骨骼的形狀及連接方式在某個程度上，會決定關節可活動的範圍及方向（可動區）。無法藉由訓練等方法加以改變。

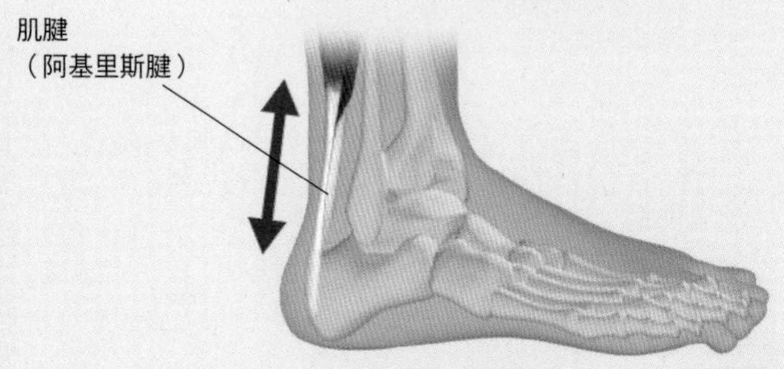

2. 結締組織的特性
連接骨骼和骨骼的韌帶、使關節移動或旋轉的肌肉及肌腱的特性，會造成關節的活動範圍及活動容易程度有所不同。這些特性能夠藉由訓練等方法加以改變。

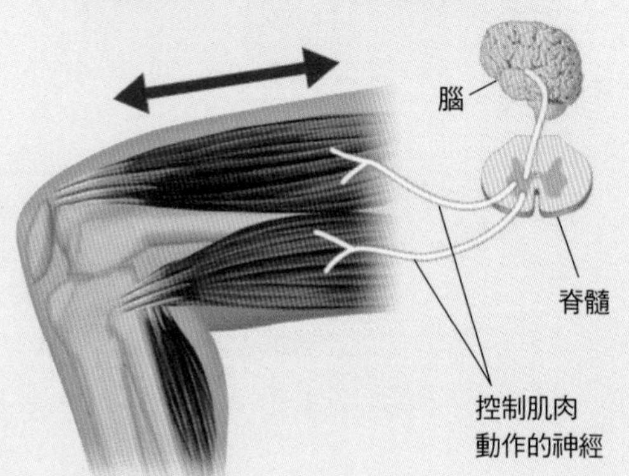

3. 神經的控制
為了防止對肌肉及肌腱施力過度，利用神經來控制肌肉能夠伸縮的範圍及強度。這個限制的範圍能夠藉由訓練等方法加以擴大。

利用伸展操保養肌肉

錯誤的伸展操會造成反效果！

不可以突然拉伸肌肉

要使身體柔軟，做俗稱「拉筋」的伸展操通常可獲得不錯的效果。反覆做伸展操，不但能夠改變結締組織的特性，也能放鬆神經造成的運動限制。但如果用了錯誤的方法做這項運動，反而有可能阻礙柔軟度的提升。

肌肉上有測量拉伸長度的神經感測器，肌腱上也有測量施力大小的神經感測器。在做伸展操時，如果肌肉受到反作用或不合理的拉伸而急遽地拉長，則感測器會轉化成為防止肌肉斷裂的「緊急安全裝置」，強烈限制肌肉的拉伸長度。相反地，如果平靜和緩地伸展肌肉和肌腱，則施加於肌肉和肌腱的負擔減緩，便會發出「可以再稍微伸展一下」的指令。緩和地進行伸展操，使肌肉拉伸的長度不會受到限制，乃是提升柔軟度的關鍵。伸展操是越緊繃則效果越大，不過，如果過度緊繃，恐怕會有受傷的風險，不可不謹慎。

做伸展操時，如果像右圖這樣大力拉伸或加上反彈的作用，會把肌肉急遽拉長。這麼一來，保護肌肉的「緊急安全裝置」就會啟動，限制住肌肉的活動範圍，結果反而會防礙柔軟性的提升。

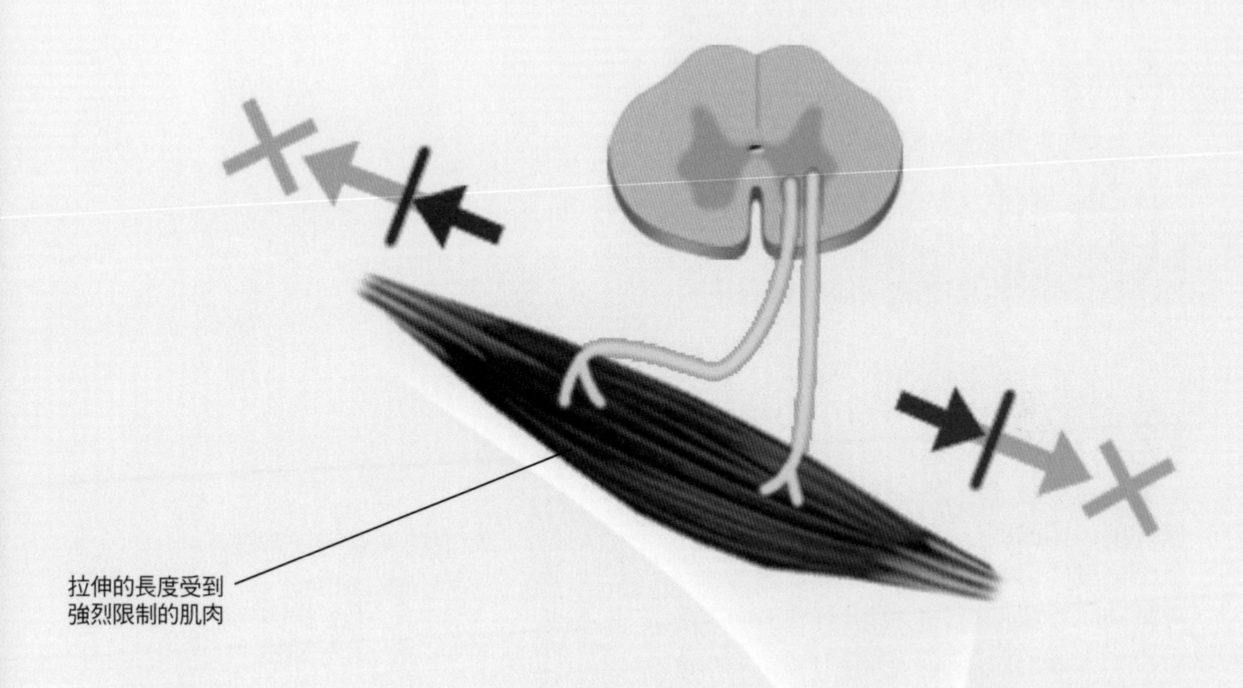
拉伸的長度受到
強烈限制的肌肉

利用伸展操保養肌肉

有效的伸展操做法

定期實施伸展操，鍛鍊柔軟的身體

伸展操分為急性（短期）和慢性（長期）兩種效果。

急性效果顯現在剛做完伸展操的時候。例如做體前屈時，最初手指搆不到腳趾頭，但在持續做了1分鐘的伸展操後，手指就能再向前多伸出3公分左右，這就是急性的效果，過了約1個小時後就會回復原狀。但是，如果每天持續這項訓練，就會顯現出慢性的效果，真正轉變為柔軟的身體。

伸展操如果以一定程度的頻率持續進行，效果會比較好，最少也要一個星期做2～3次比較適當。將每個項目都設定要持續多久為目標，以15～30秒左右進行2～4次為宜。

原則上，伸展操和呼吸並沒有關係。不過，在伸展軀幹的肌肉時，若能配合呼吸方式，有時候會得到更好的效果。

有效的伸展操之做法

1.不要施加反作用力
平靜和緩地拉伸肌肉和肌腱，神經會發出讓肌肉伸展更多的指令。

2.1次30秒×3組以上
伸展操的效果必須做15～30秒才會開始顯現。反覆實施更能提高效果。

3.一個星期3天以上
若要維持效果，必須定期做伸展操。

伸展操（靜態的伸展操）

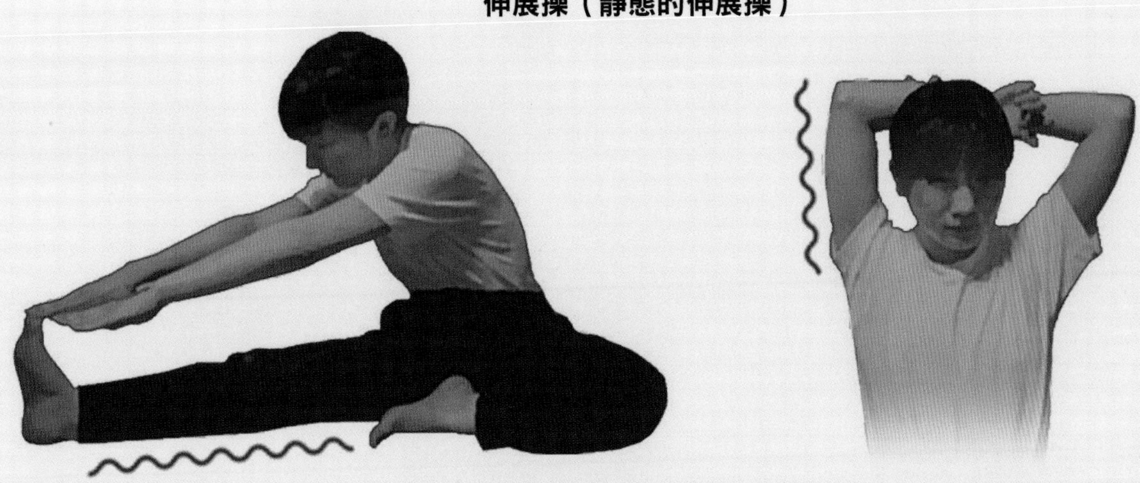

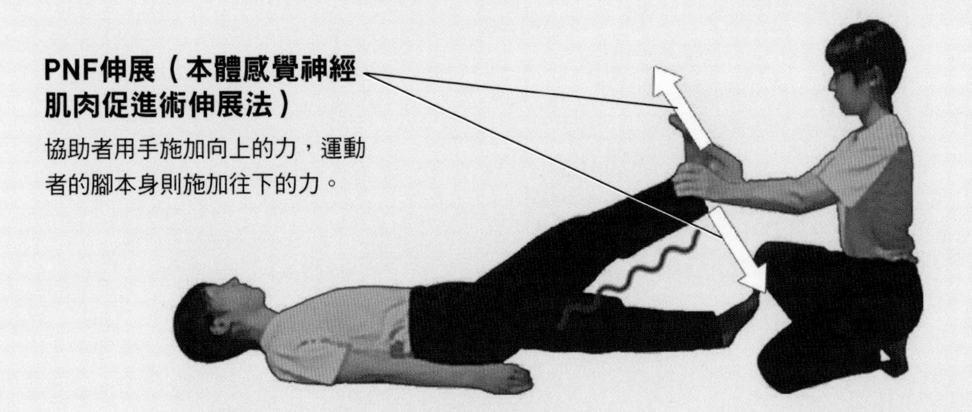

PNF伸展（本體感覺神經肌肉促進術伸展法）

協助者用手施加向上的力，運動者的腳本身則施加往下的力。

腳的位置不動，施力一段時間之後，再進行伸展操。效果較好，但必須由具備正確知識的物理治療師等專業人士執行。

利用伸展操保養肌肉

腰部伸展操也能消除遠距辦公的疲勞！

伸展一下對維持姿態很重要的髂腰肌吧

因一整天保持相同的姿勢，從事文書工作之類的作業，造成肌肉僵硬而導致腰痛等毛病的人想必不在少數。以下就來介紹如何預防這個問題的伸展操。

髂腰肌位於腹部的深處，用於把腿往前抬起，也是維持姿態的重要肌肉，務必經常伸展這個髂腰肌。首先，採取高跪姿勢，然後將一隻腳往前抬起，成為單腳跪姿。可以在膝部下方鋪一個軟墊，接著兩手抵住腰部後側，挺直背部，把腰部往前推出。輔助兩手的力量，把腰部由後往前推壓，藉此伸展髂腰肌。換腳，另一側也以相同方式伸展。

除了腰部之外，連同側腹等處也一起伸展的話，會獲得更好的效果哦！

採取高跪姿勢，然後把一隻腳往前抬起。兩手抵住腰部後側。

挺直背部，把腰部往前推壓。雙腳輪流往後伸展。

利用伸展操保養肌肉

利用開腿伸展操放鬆身體

伸展一下與股關節周圍動作有關的內收肌群吧

在眾多伸展操當中，鍛鍊股關節、軀幹、肩部的伸展操比較受到重視。其中尤以伸展股關節的「開腿伸展操」更是廣為人知，這對伸展位於大腿內側，負責把腳往內側擺動的內收肌群十分有效。這個肌肉與股關節周圍的動作有關，不限於步行等日常動作，也與運動時的腳部動作等有關。

首先，坐在地上，膝部打直，雙腿大幅張開。然後挺直背部，把骨盆及

上半身往前傾。要注意，如果彎曲著背部，效果將會大打折扣。最後，捲起背部，使胸部盡可能貼近地面。

伸展股關節的時候，除了做往左右拉伸的伸展操之外，如果再加上把腳往腳跟處前後移動的伸展操等，效果將會更加提升。

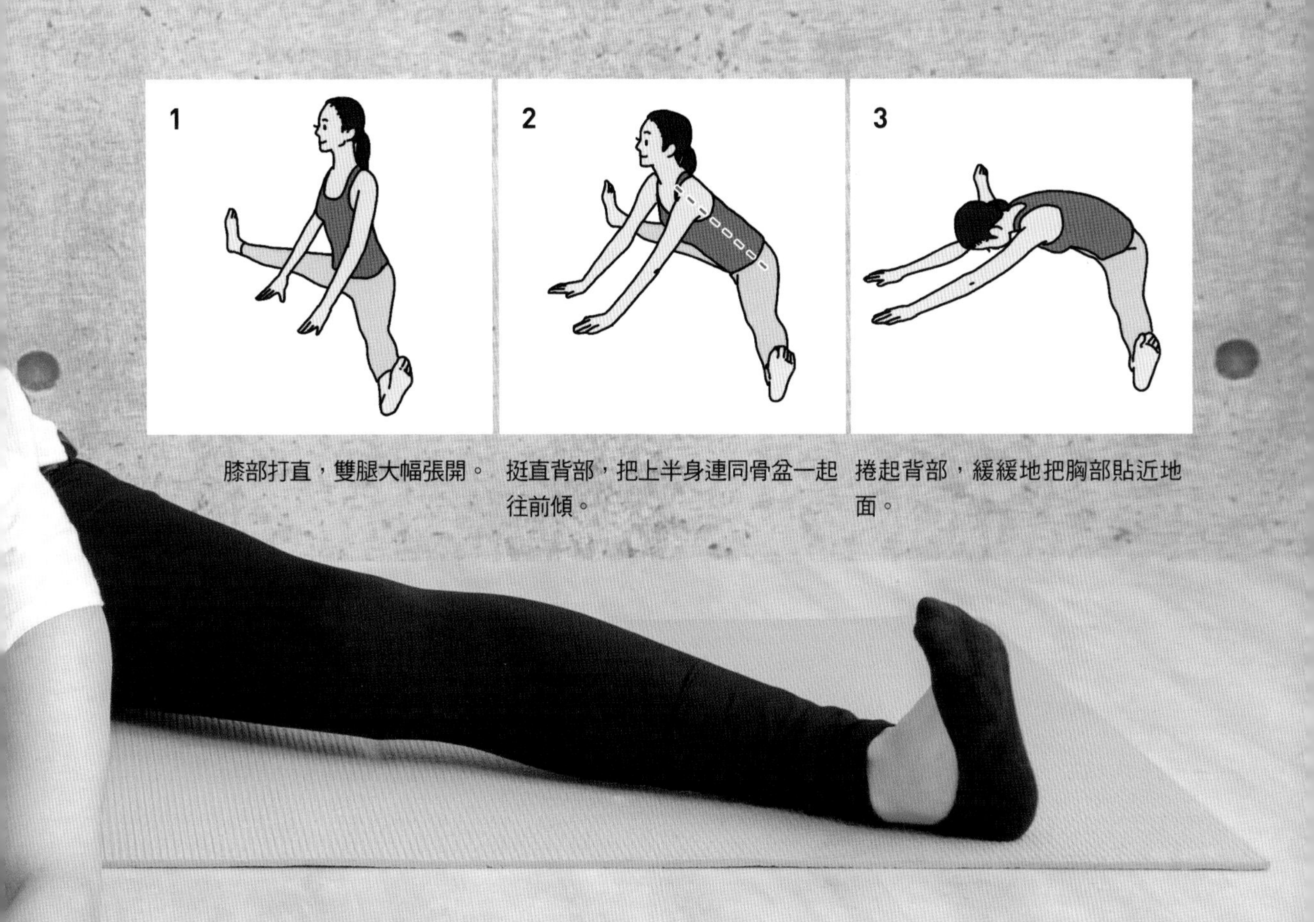

膝部打直，雙腿大幅張開。

挺直背部，把上半身連同骨盆一起往前傾。

捲起背部，緩緩地把胸部貼近地面。

意想不到的肌肉科學

增加肌肉可以有效預防糖尿病

如果肌肉多則血糖值不容易升高

從這裡開始，將介紹關於肌肉的種種話題。

近年來，越來越多人認為，維持肌肉量對於維持健康也相當重要。例如，肌肉具有儲存血液中的糖的作用。糖是各種器官中合成「ATP」（提供生物體內各種化學反應之能量的分子）時的必需材料，對身體來說非常重要。另一方面，如果血液中的糖濃度（血糖值）過高，則會造成血管容易殘破等不良影響。

儲存糖的肌肉量一旦減少，調整血糖值的機能便會下降。導致罹患慢性高血糖狀態「糖尿病」的風險上升。

肌肉是糖的儲存庫

圖中所示為從飲食所攝取的糖被小腸吸收，最後儲存在肌肉的過程。其中，胰島素是一種激素（荷爾蒙），具有使各細胞攝入糖的作用。

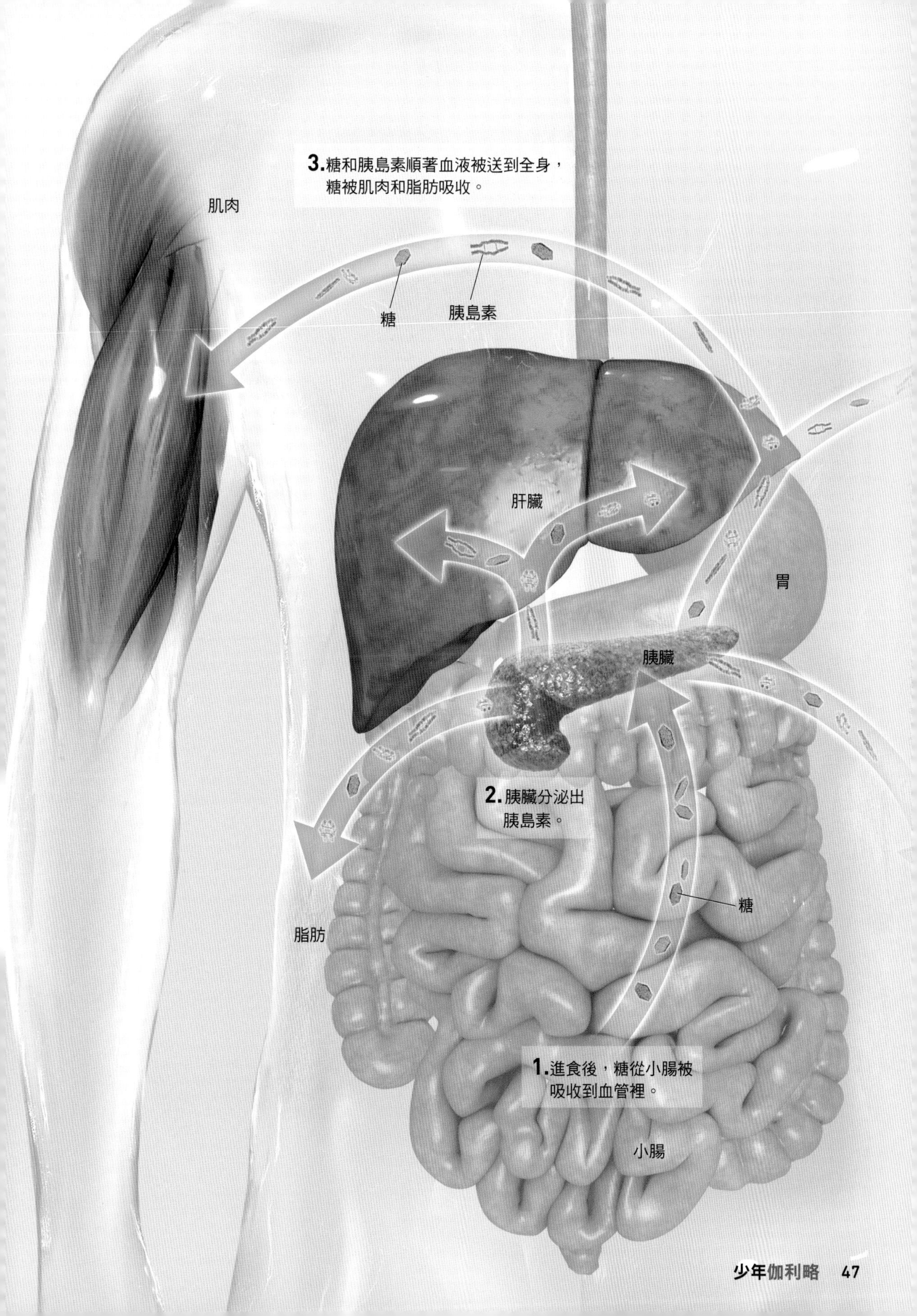
3.糖和胰島素順著血液被送到全身，
糖被肌肉和脂肪吸收。
肌肉
糖
胰島素
肝臟
胃
胰臟
2.胰臟分泌出
胰島素。
糖
脂肪
1.進食後，糖從小腸被
吸收到血管裡。
小腸

意想不到的肌肉科學

肌肉也會影響壽命

根據統計，肌肉多的人死亡率比較低

根據統計調查得知，定期從事運動可降低癌症、心因性疾病、阿茲海默症的發病率，並且可提高免疫力、改善腦機能等，具有各式各樣的效果。

左頁的圖表顯示丹麥一項歷經12年的調查中，所得到男性大腿粗細度和死亡危險度的關係。大腿粗細度為全身肌肉量的指標。觀察圖表可知，大腿越細的人，死亡率越高。除此之外，也有一些調查結果指出，肌肉量越多，則呼吸道疾病及心因性疾病的

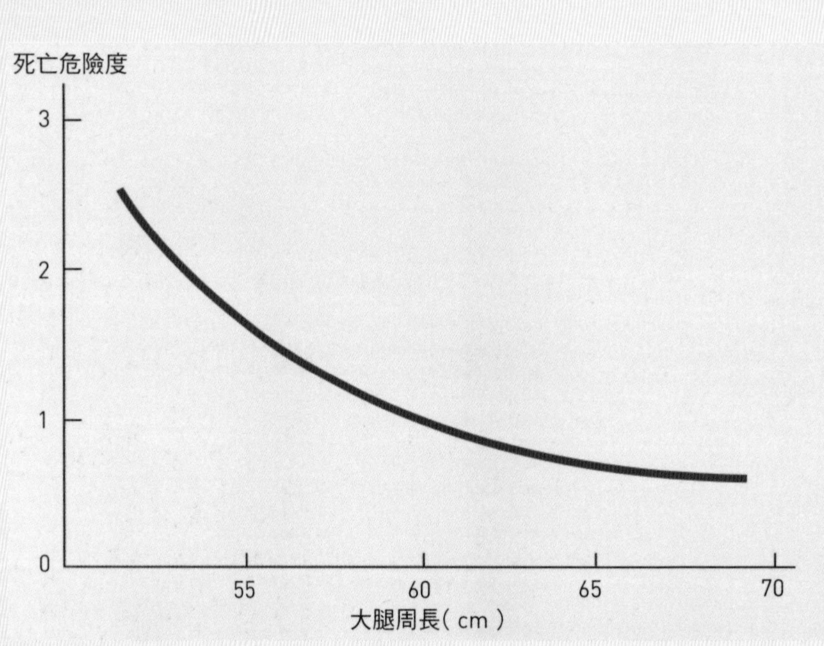

根據 Heitmann BL，Frederiksen P.(2009). Thigh circumference and risk of heart disease and premature death: prospective cohort study. 繪製。

大腿較粗則死亡率降低

圖中所示為一項歷時12年的調查所得男性大腿粗細度和死亡危險度的關係，可以看出大腿越粗則死亡危險度越低的傾向。再者，這項調查結果已經把吸菸、運動習慣、BMI（身體質量指數：肥胖度指標的一種）等影響加以修正後排除。

死亡率越低。

事實上，肌肉分泌了各式各樣的物質進入血液中，似乎會帶給全身很大的影響。這些從肌肉分泌後進入血液的物質，統稱為「肌肉激素」（myokines）。關於肌肉激素，目前還沒有充分闡明，但已知有超過數十種物質是從肌肉分泌出來。

意想不到的肌肉科學

老化過程中
從快縮肌開始衰退

定期從事強化運動
以利刺激快縮肌吧

肌肉從30～50歲間開始老化。肌肉在日常生活中本來就會反覆地合成與分解，如果長久不使用肌肉，肌肉被分解的比例會提高，就容易導致肌肉量減少。

人到了老年往往會避免做劇烈運動，結果使在日常動作中不容易用到的快縮肌開始逐漸衰退。在日常生活中儘量做各式各樣的動作，以便維持快縮肌和慢縮肌這兩種肌肉，使其不至於減少，是非常重要的事情。

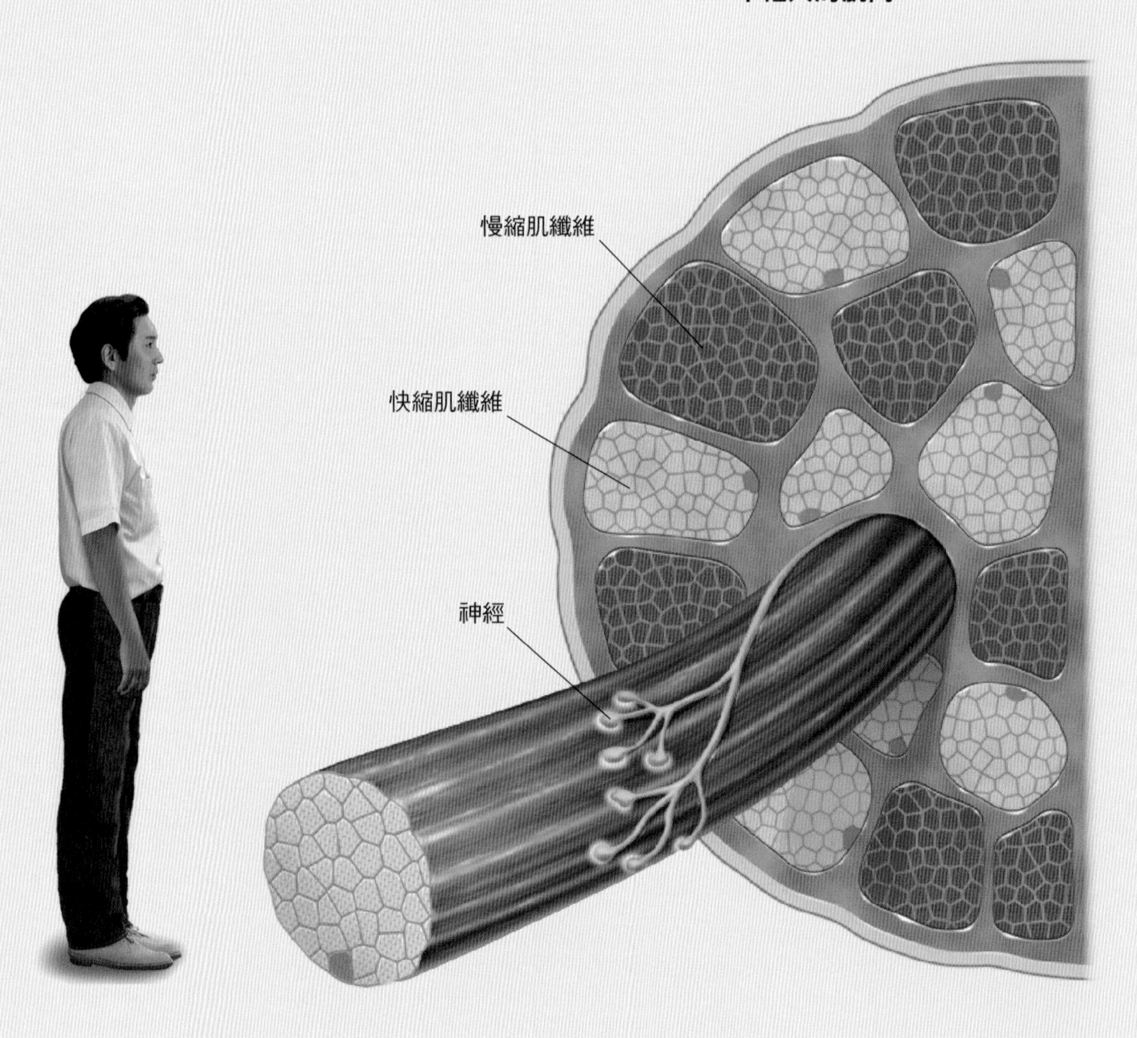

肌肉不僅能幫助身體活動，也具有藉肌肉發熱而維持體溫的作用，以及在陷入飢餓狀態時分解肌肉提供能量給細胞的作用。如果由於老化而使肌力衰退，在生活上出現了障礙不便的狀態，也會導致這些維持生命所不可或缺的機能弱化。

因年老而衰退的肌肉

下圖為年輕人和高齡者的肌肉截面示意圖。年輕人的肌肉其肌纖維密度比較高，肌纖維本身也比較粗；高齡者則肌肉合成能力衰退，肌纖維變細。尤其是日常生活中不容易用到的快縮肌更容易變細。由此圖也可見隨著年齡增長，肌纖維和神經的連結亦趨於弱化。

高齡者的肌肉

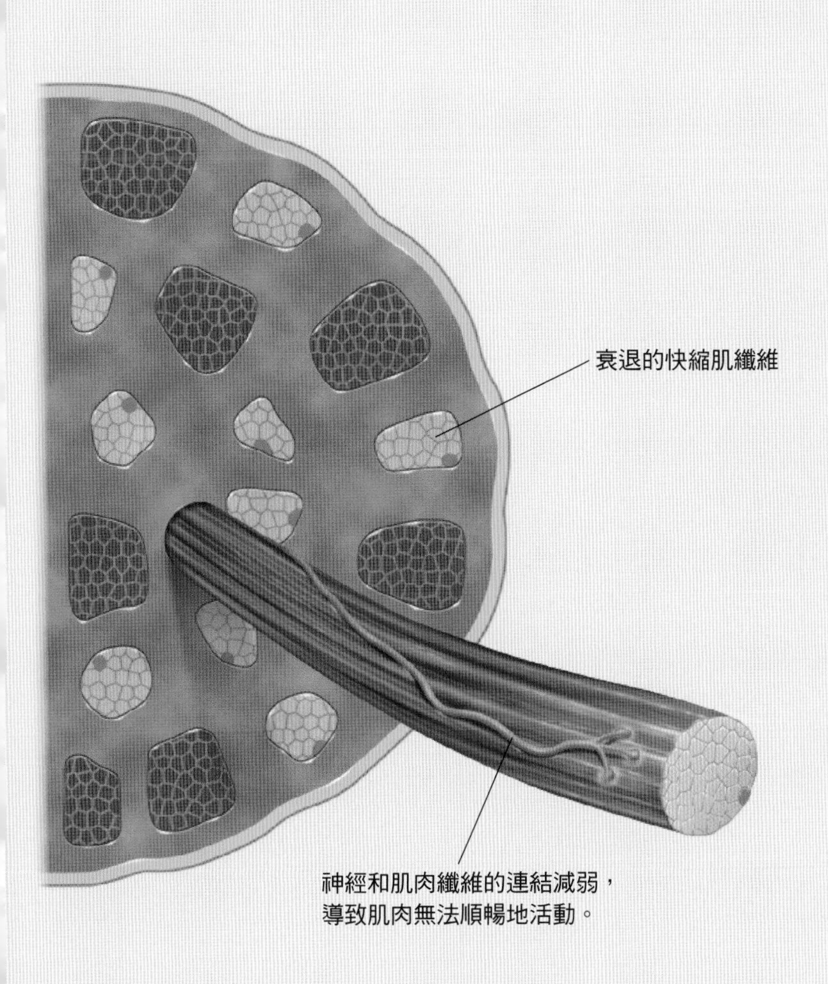

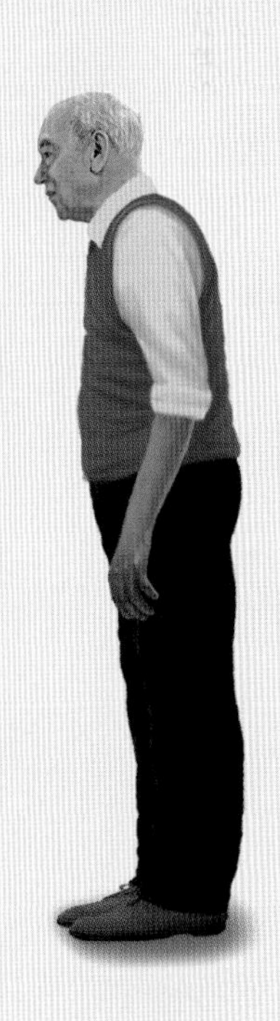

意想不到的肌肉科學

為什麼會發生肌肉疼痛

主要原因是結締組織的細微損傷

如果很久沒有運動，某天突然運動後，隔了一段時間，肌肉就會開始疼痛。這樣的疼痛有時候會持續好幾天，而且痛到讓人受不了，真是苦不堪言。有過這種經驗的人，想必不在少數吧！

造成肌肉疼痛的原因可分為好幾種。最常發生隔了一段時間突然做運動，不久之後就開始發作的「延遲性肌肉痠痛」（DOMS）。延遲性肌肉痠痛是如何發生的呢？

舉起啞鈴時，肌肉收縮而出力，

對肌肉作用的力

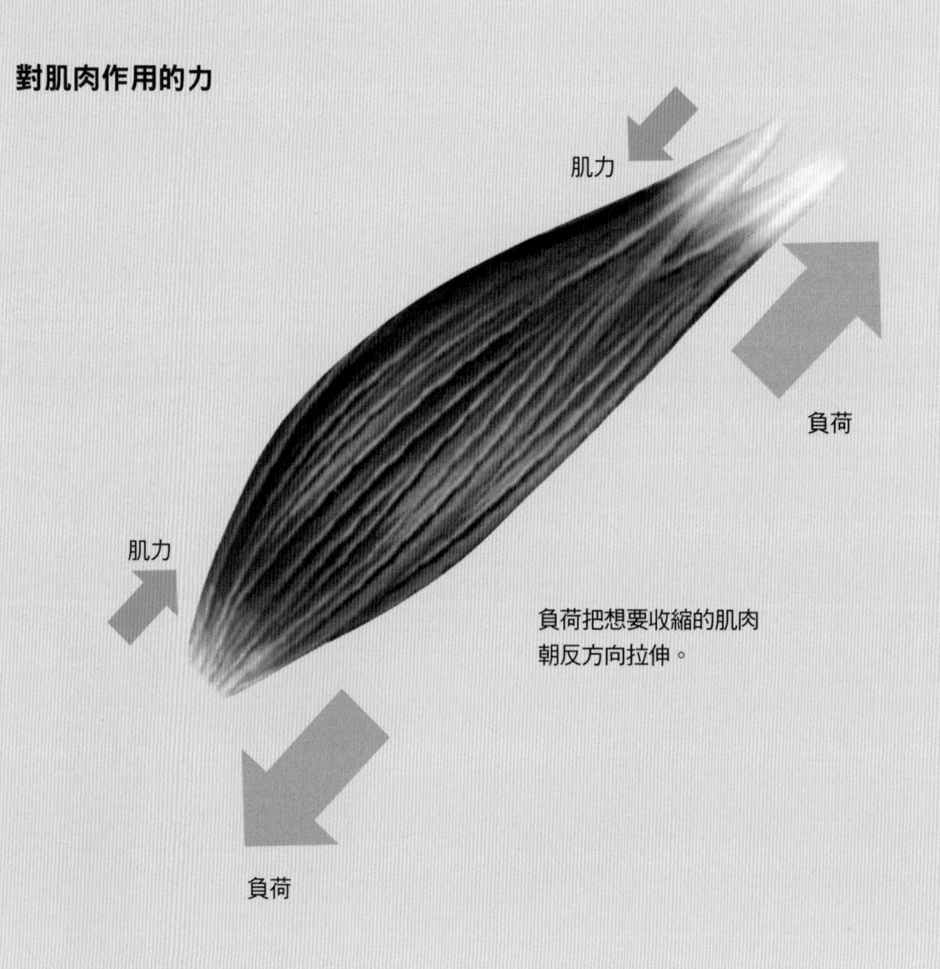

這稱為「向心收縮」(concentric movement)。而把啞鈴緩緩放下時，肌肉會被拉伸，這稱為「離心收縮」(eccentric contraction)。這兩種運動都同樣會出力，但肌肉疼痛是離心收縮所造成，向心收縮則幾乎不會造成疼痛。

離心收縮之所以會造成肌肉疼痛，一直以來都認為是肌肉纖維受到損傷的緣故。但是，近年來逐漸明白，疼痛主因並不是肌肉纖維損傷，而是結締組織的損傷。結締組織包覆著肌纖維及肌纖維束（肌束），甚至整個肌肉，如果反覆施行離心收縮，會使結締組織產生細微的傷痕。這麼一來，為了修補傷痕，免疫細胞會集結過來。並且，結締組織的血管還會釋放出「舒緩肽」(bradykinin)，使痛覺變得過度敏感，平常不至於感到疼痛的刺激（例如壓迫、肌肉收縮），此時更容易覺得疼痛。這就是延遲性肌肉痠痛的機制。

容易發生肌肉疼痛的運動（離心收縮）

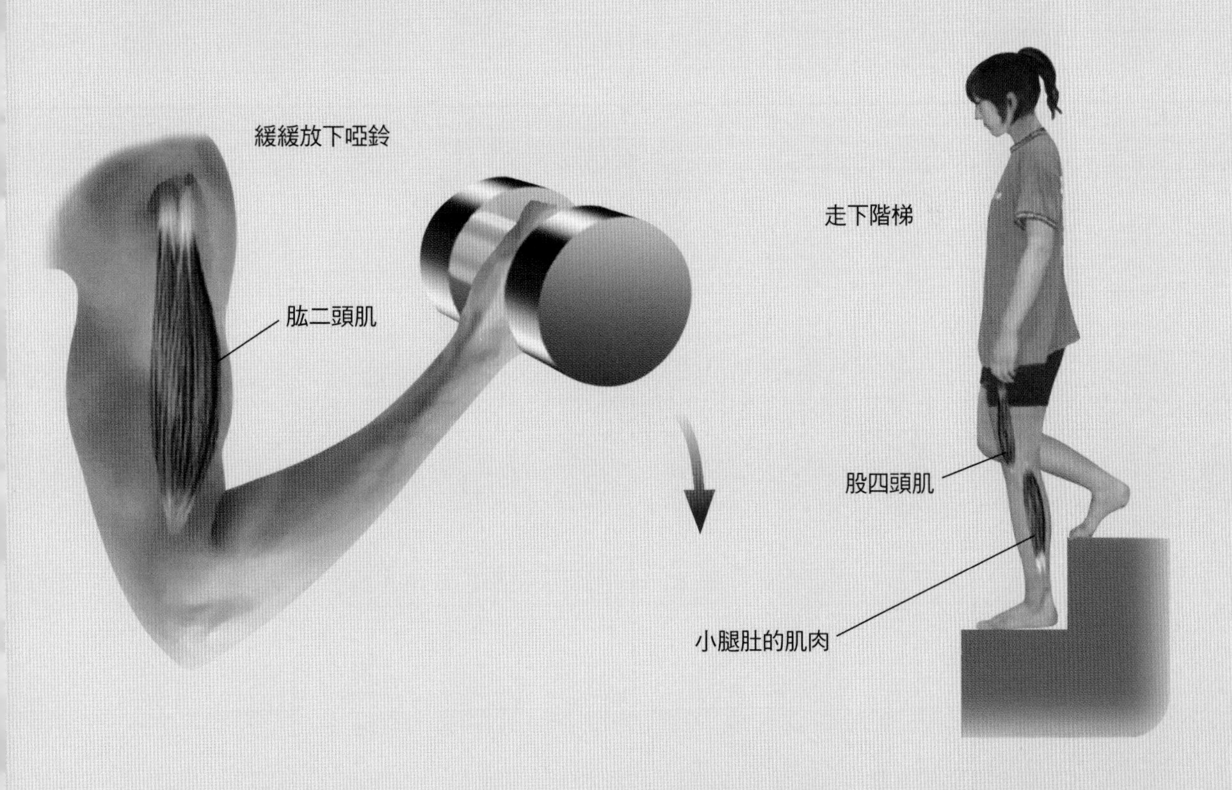

由於出力的肌肉被拉伸了，所以下階梯（離心收縮）比上階梯（向心收縮）更容易造成肌肉疼痛。

意想不到的肌肉科學

肌肉疼痛的預防與治療

事先的預處理能有效預防肌肉疼痛

讓人痛苦萬分的延遲性肌肉痠痛，是否可以預防或治療呢？

即使在運動前做伸展操，也無法避免肌肉疼痛。伸展操雖然有助於防止運動中的傷害，但對於肌肉疼痛的預防並沒有效果。目前已經確認有效的方法，是1個星期～1天前進行「預處理」（preconditioning）。

無論誰都能簡單地進行預處理。

例如，假設現在想要預防大腿前側的肌肉（股四頭肌）疼痛。首先彎曲

膝部，抓住雙腳，在這個狀態下，用盡全力試圖伸直膝部。這麼一來，就能在伸長肌肉的狀態下出力。這樣的運動只要在前一天做 2 次以上（1 次 5 秒左右）就會有效果。

若是肌肉已經在疼痛，只能等它自然好轉嗎？即使吃止痛藥，也無法期待能發揮多大的效果，不過倒是有個對策。**非常疼痛時，不妨做些輕微的運動，動一動肌肉就可以有所改善**。利用這個方法就能夠暫時減輕疼痛。

順帶一提，或許你曾經聽說肌肉疼痛是因為乳酸堆積，但現在已經知道，乳酸和肌肉疼痛沒有關係。

什麼時候會發生肌肉疼痛？

時機	機制	發生原因
運動之後過一陣子（延遲性肌肉痠痛）	肌纖維周圍結締組織的損傷、發炎	含離心收縮的運動、隔了許久的運動、不熟的運動
運動中	血液流量不足、內壓升高、肌肉的損傷、肌肉的痙攣等	走上長階梯、肌肉拉傷、跌倒、小腿肚抽筋等
運動中～運動後	混合上述兩種	長時間運動等

意想不到的肌肉科學

肌肉受傷之「肌肉拉傷」是怎麼回事？

最常發生於小腿肚和大腿

所謂的肌肉拉傷，是指構成肌肉的肌纖維有一部分被本身肌力撕裂的狀態，似乎大多發生於小腿肚及大腿裡側。附帶說明，如果是受到外力導致肌纖維損傷，則稱之為肌肉挫傷。

肌肉的損傷是很難恢復的麻煩傷害。肌肉受傷的話，會出血而形成暫時封住傷口的「肉芽組織」以替代肌纖維。之後，即使肌纖維再生，但受傷部位的肌力仍無法與其他部位取得平衡。儘管受傷部位本身痊癒了，但肌肉的性能很難回復原來的狀態。此外，損傷部位的一部分會殘留「瘢傷組織」（scar tissue），因此受過傷的部位其柔軟性會降低，無法做出正常的動作。這會對肌肉施加負荷，容易再次發生肌肉拉傷。若要治療肌肉拉傷，休養和確實的復健相當重要。

意想不到的肌肉科學

肌肉喜歡什麼樣的飲食？

肌肉訓練前後的營養補給也很重要

想要增加肌肉量，在飲食上也必須下一番工夫。食物中含有三大營養素：「蛋白質」、「醣類」（碳水化合物）、「脂質」。肌肉是由蛋白質構成。我們所吃下的蛋白質，分解成胺基酸後於體內吸收，接著以胺基酸為材料，合成肌肉的蛋白質。**如果想要增加肌肉量，就必須多吃含有大量蛋白質的食物**。

不過，如果醣類不足，則身體的能量不足，便會分解肌肉和脂肪來補充。此外，脂質也是製造「細胞膜」等所必需的營養素。也就是說，醣類和脂質也必須攝取到某個程度才行。

在肌肉訓練的2～3小時前吃些東西，可以把肌肉訓練中肌肉被分解的情形抑制到某個程度。此外，肌肉訓練結束之後3個小時左右，肌肉的合成會變得活躍，因此肌肉訓練後盡可能早點吃些東西比較好。

蛋白質的消化、吸收的途徑

右圖所示為食物中所含的蛋白質被分解為胺基酸後吸收的過程。

蛋白質是什麼？

蛋白質是由胺基酸連接而成的巨大分子。人類的蛋白質所使用的胺基酸有20種。

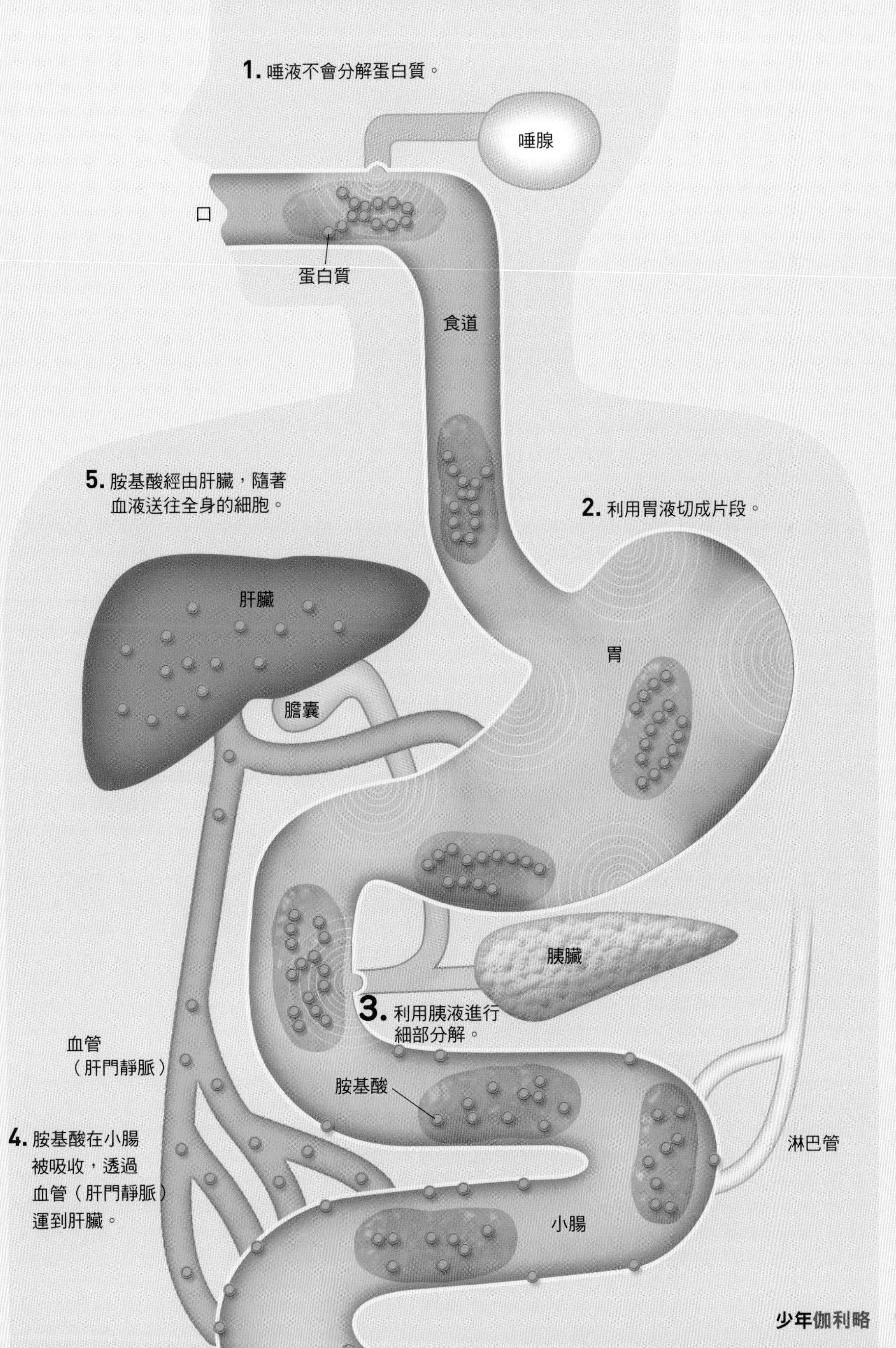
1. 唾液不會分解蛋白質。
唾腺
口
蛋白質
食道
5. 胺基酸經由肝臟，隨著
血液送往全身的細胞。
2. 利用胃液切成片段。
肝臟
胃
膽囊
胰臟
3. 利用胰液進行
細部分解。
血管
（肝門靜脈）
胺基酸
4. 胺基酸在小腸
被吸收，透過
血管（肝門靜脈）
運到肝臟。
淋巴管
小腸

Column

Coffee Break

「年紀大則肌肉疼痛會延遲」是誤解

有聽人家說過「因為年紀大，所以肌肉疼痛會比較慢出現」這種理論嗎？有人做過這樣的實驗：讓20多歲和70多歲的人使用啞鈴做運動，結果，**無論是哪個年齡層的人，都在第二天開始肌肉疼痛，並且持續了好幾天**。根據這項實驗的結果，確認了高齡者的肌肉疼痛並不會延遲。

那麼，為什麼會有許多人覺得「年紀大會變慢」呢？延遲性肌肉痠痛（詳見第52～53頁）是在運動結束的24～72小時後達到疼痛的高峰。

另一方面，也有在運動中途或剛結束時就感到疼痛的肌肉疼痛，例如長距離奔跑、長時間打球等，這種情形在平常就會發生。

不少人在年輕時比較常做會發生立即性肌肉疼痛的運動，**隨著年紀增長，逐漸改做會發生延遲性肌肉痠痛的運動，導致發生延遲性肌肉痠痛的比例增加了**。或許是因為這樣，才覺得年紀大會比較慢出現肌肉疼痛吧！

肌肉和運動能力的祕密

支撐起步衝刺的強健肌肉

100公尺賽跑頂尖選手的身體

從這裡開始，來探討一下肌肉和運動能力的關係吧！

牙買加短跑選手鮑威爾（Asafa Powell，1982～）是以起跑後的爆發性加速聞名的100公尺賽跑前世界紀錄保持者。

加速的量取決於「蹬地力的強度」乘以「施力時間的長度」所得的「衝量」（impulse）大小。以越強的力、越久的時間蹬地，所得到的加速就會越大。

鮑威爾選手在起跑衝刺時，以腳蹬地的時間大約是日本頂尖選手的1.4倍。臀部的「臀大肌」和大腿裡側連接骨盆和膝部下方的一群肌肉「大腿後肌」必須非常強壯，才有可能做到這樣的起跑。此外，關於把腳往前送出的「腰大肌」截面積，鮑威爾選手也是日本頂尖選手的2倍左右。

能做到爆發性起跑的肌肉

100公尺賽跑前世界紀錄保持者鮑威爾是因為臀大肌、大腿後肌、腰大肌等肌肉都非常發達，才能做到爆發性起跑衝刺。

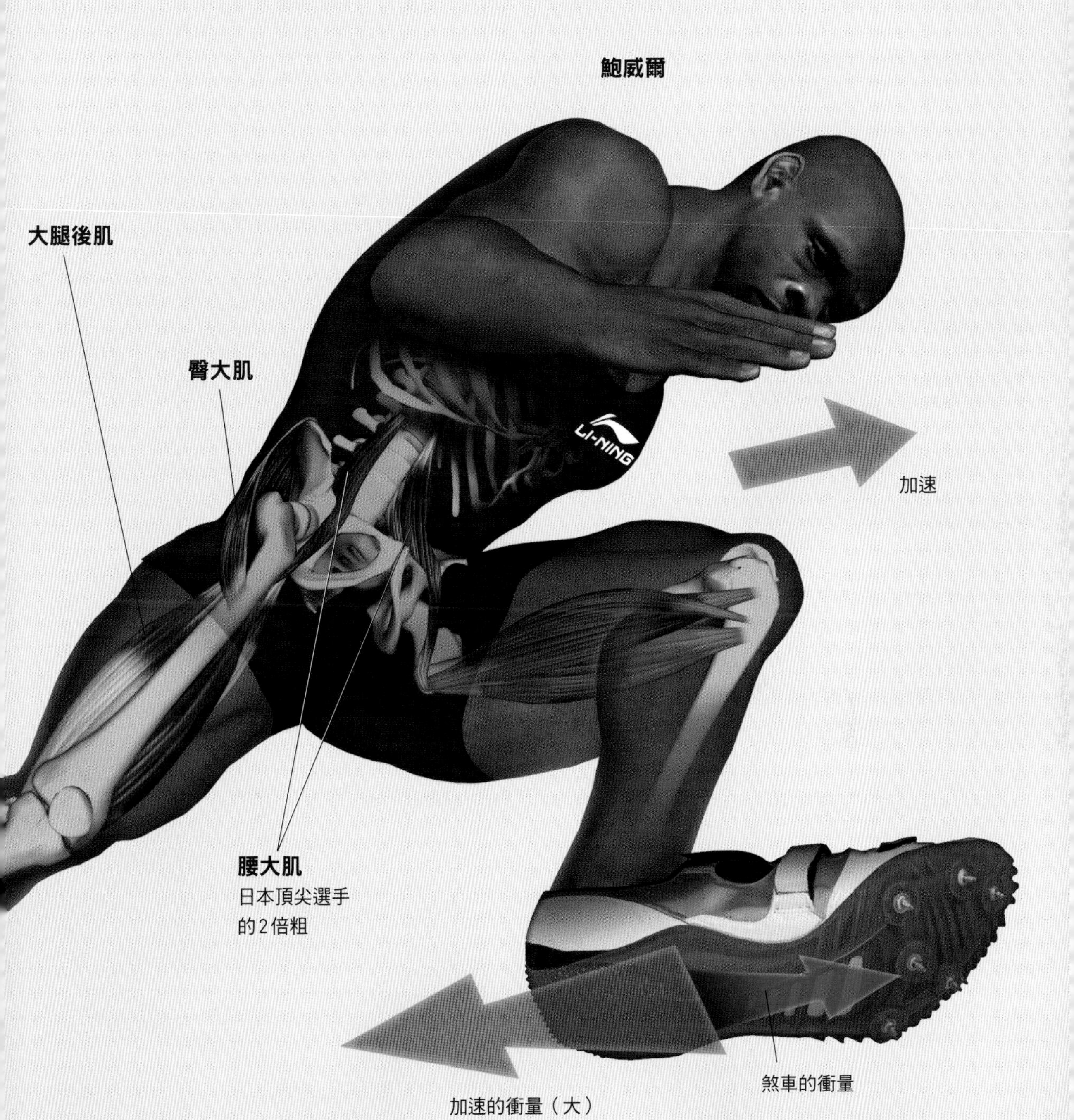
鮑威爾
大腿後肌
臀大肌
加速
腰大肌
日本頂尖選手
的2倍粗
煞車的衝量
加速的衝量（大）

肌肉和運動能力的祕密

阿基里斯腱掌握著世界紀錄的關鍵

「肌腱」比「肌肉」強壯 !?

100公尺賽跑的世界紀錄是9秒58，這項紀錄的保持者是牙買加的博爾特（Usain St Leo Bolt，1986～）。博爾特的看家本領是最高速度可達到時速44公里以上。**而掌握這個世界第一最高速度的關鍵，在於連接小腿肚肌肉和腳踝骨骼的「阿基里斯腱」**。

速度加快，則觸地時間會逐漸縮短。若想在這個狀態下把速度更加提升，就必須在短時間內以巨大的力蹬地。若要持續發出巨大的肌力，則必須快速收縮肌肉。但是，肌肉具有越快速動作時發出的力越小的性質。

因此，這就要靠阿基里斯腱的表現了。肌腱就像彈簧一樣，越長越能大幅收縮，越強壯越能快速地切換伸縮。博爾特的最高速度就是依靠又長又壯的阿基里斯腱所創造出來的。

又長又壯的阿基里斯腱比較有利

圖中所示為博爾特這樣的非裔頂尖選手和日本一般田徑選手之膝部下方的差異。下圖中發生 1 和 2 的瞬間，與右頁的 1 和 2 對應。

1

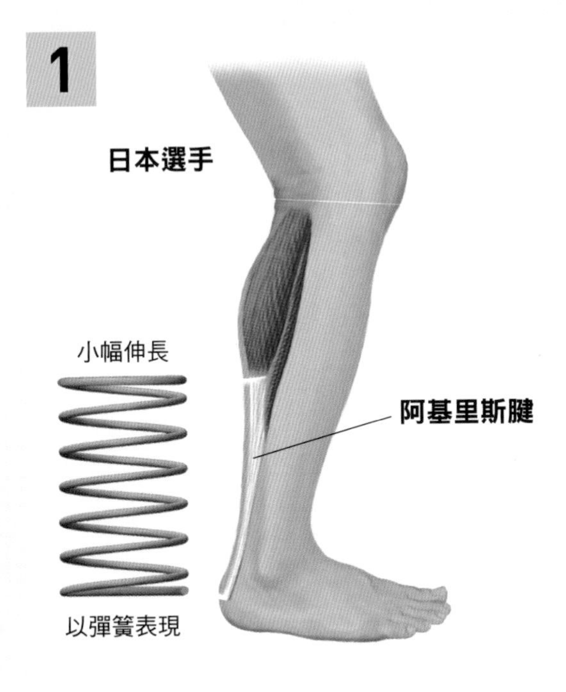

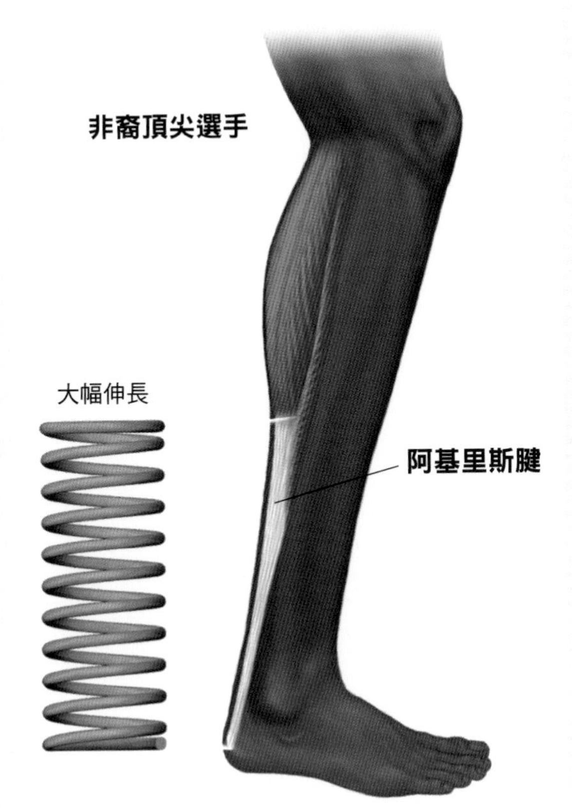

2

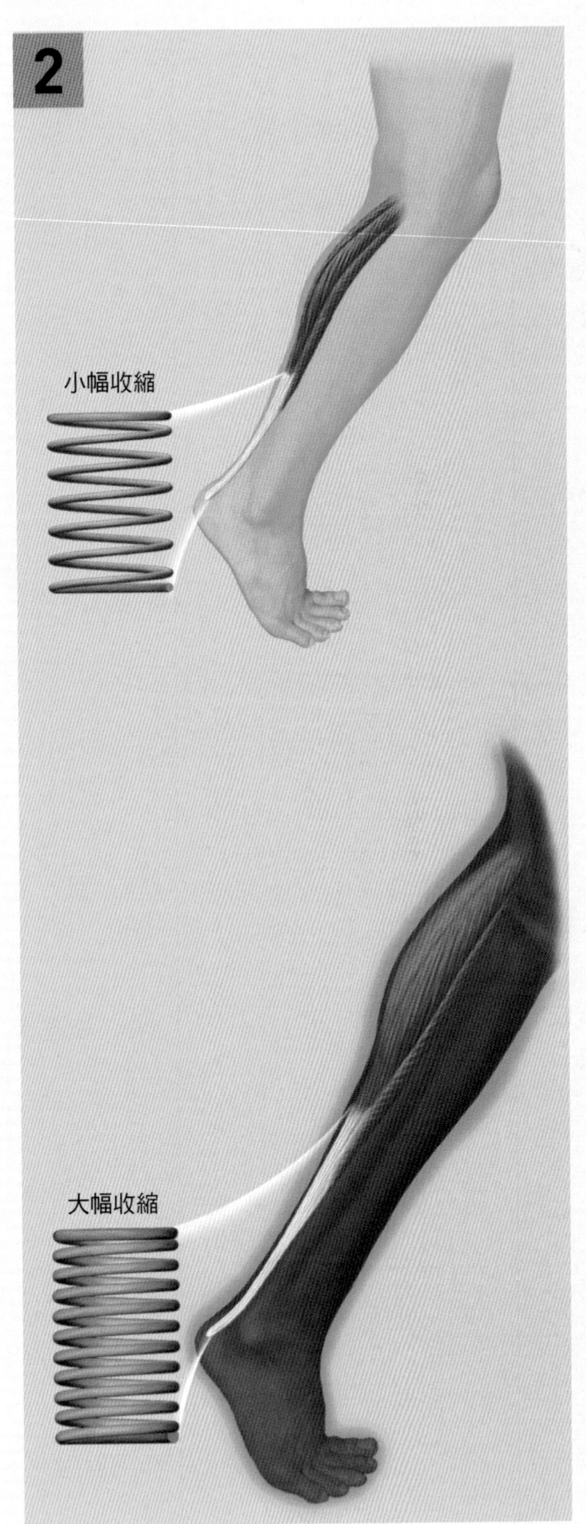

肌肉和運動能力的祕密

短跑運動員不需要手腳的多餘肌肉

使長腿也能高速旋轉的軀幹肌肉

若分析世界一流短跑好手的跑法，可發現在蹬地的時候，並不是依靠膝部和腳踝，也不必把大腿抬高。一流的短跑好手，在觸地時並不太屈伸膝部和腳踝，而是以所謂的「固定」狀態奔跑。也就是說，並不是採取強蹬（＝拉伸腳踝和膝部）的動作。

此外，當大腿位於身體後方的時候，會更快速地拉向身體。以股關節為中心，把腿更快速地旋轉，以求更快速地往前邁進，是一件非常重要的事情。

像博爾特這樣身高195公分，手長腳長的高挑選手，如果採取這種把整個腿部快速旋轉的跑法，原本相當不利。但是，博爾特手腳前端細長，肌肉集中於軀幹（胴體），所以容易使腿快速旋轉。這就和把球棒這種前端較粗的東西反過來拿，可以更快速揮動是一樣的道理。

跑法和軀體之間藏著祕密

像博爾特這樣的世界頂尖短跑選手，和日本的一般大學生選手（以藍色剪影表現）相比，大腿的拉回比較快，並以膝部不完全拉伸的姿勢奔跑。此外，博爾特的髂腰肌和臀大肌等軀幹（胴體）及靠近軀幹部位的肌肉非常發達，且末端部位則是缺少不必要的肌肉而比較輕盈，所以能加快腿部的擺動。

博爾特的跑法和軀體

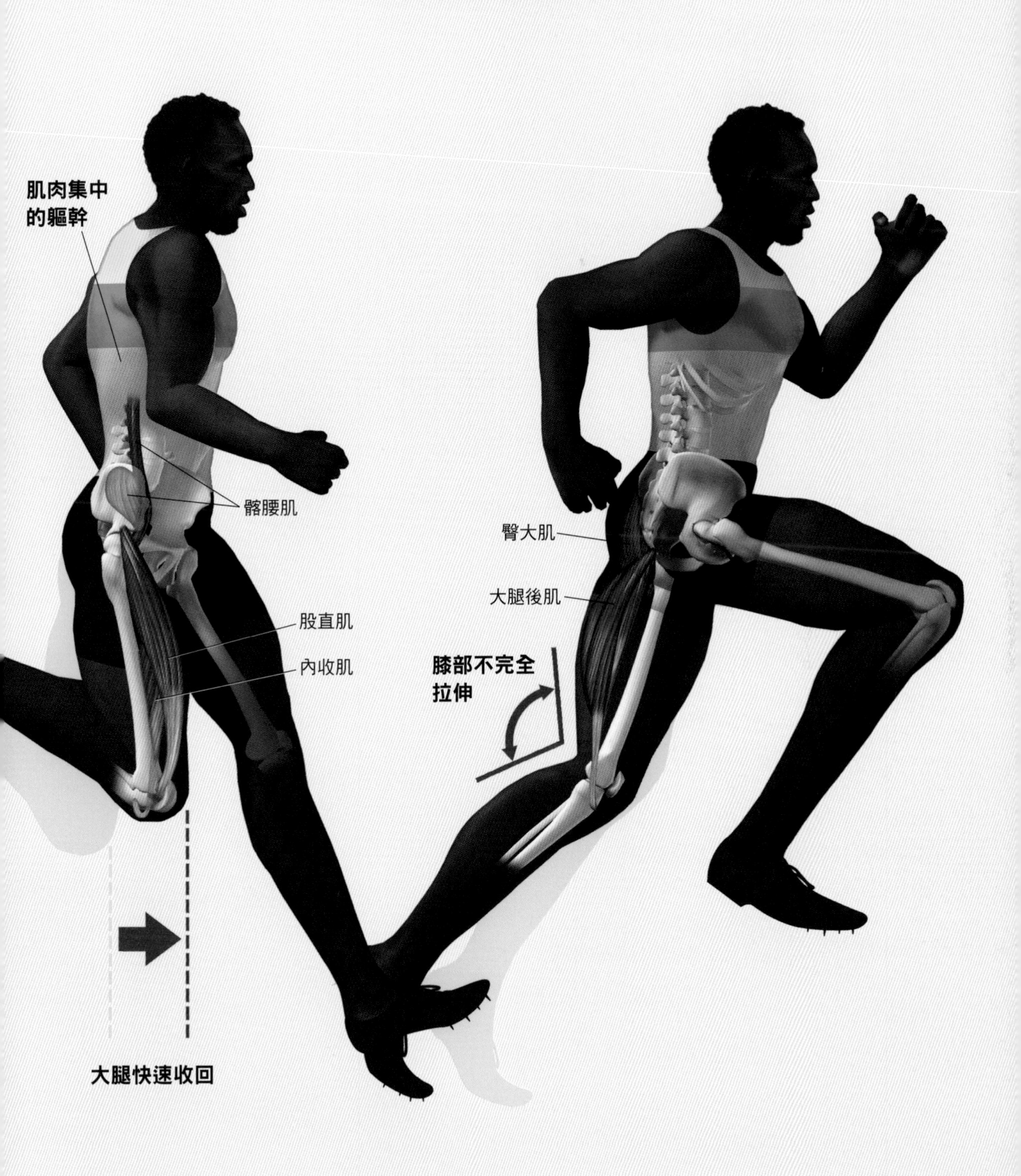

肌肉和運動能力的祕密

舉重選手能發揮「蠻力」

神經發達才能同時使用大量快縮肌

舉重選手能一口氣舉起自身體重2倍左右的重量。能在短時間內使出巨大力量的關鍵，在於前面已經提過很多次的「快縮肌纖維」。

一流的力量型運動員全身的肌肉纖維之中，快縮肌纖維的比例多達75%左右，一般人則只占一半而已。順帶一提，馬拉松之類的持久型競技頂尖選手，慢縮肌纖維的比例就占了75%左右。

運動員的肌肉特徵之一，是因訓練結果導致神經比較多。因此，**能夠把電訊號（electric signal）送到更多的快縮肌纖維而同時發揮作用**。即使是一般人，當處於火災等危險環境時，往往會在無意識中使出比平常多2～3成的「火場蠻力」，一般認為這也是把電訊號送到較多快縮肌纖維的結果。

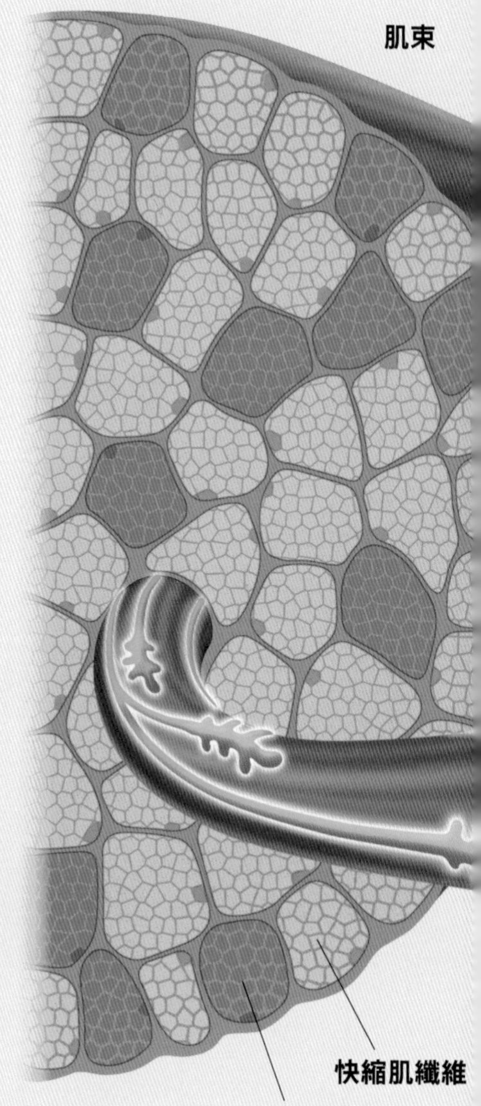

力量型競技選手的肌肉祕密

肌力的決定要素之一是肌肉的截面積。舉重之類的力量型競技選手的肌肉非常發達，而且絕大多數頂尖選手的快縮肌纖維（淡粉紅色）比慢縮肌纖維（深粉紅色）多。除此之外，令快縮肌纖維發揮作用的神經也很發達，所以能一次使許多快縮肌纖維同時發揮作用。

肌肉中的粒線體增加，則運動能力會提升

有氧運動具有效果

若想要提升運動能力，則不只是肌肉量要增加，「粒線體」(mitochondria)的增加也很重要。

粒線體是細胞內的一種小胞器(organelle)。它會利用氧和由飲食攝取的醣類等物質來合成「ATP」分子，作為生命體各種活動的能源。肌肉細胞的粒線體增加，便能製造更多的ATP，使肌肉能持續活動更長時間而不會疲勞，亦即能提升持久力。

我們如果持續使用肌肉，肌肉的細胞會變成能量不足的飢餓狀態。這麼一來，細胞核內的基因便會開始作用，組裝出蛋白質之類的粒線體「零件」。當零件陸續補充到現有的粒線體，粒線體的體積便會逐漸增大。若想增加粒線體，可以適度做些慢跑等的有氧運動。

使粒線體增大

圖中所示為在肌肉細胞中合成粒線體的「零件」，使粒線體的體積逐漸增大的情形。

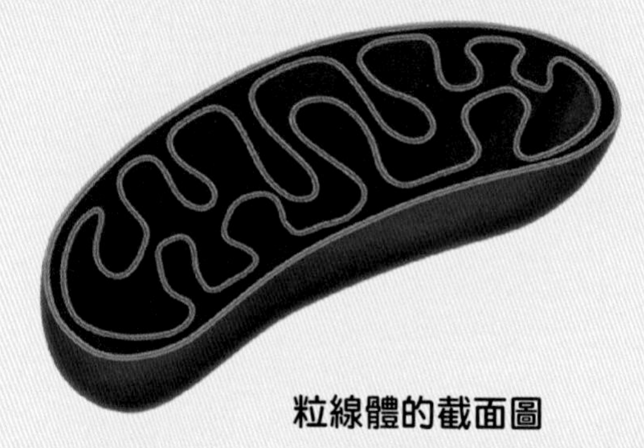

粒線體的截面圖

粒線體是細胞內的小胞器，能合成生命體的能量分子「ATP」。

3. 粒線體的體積增大
合成出來的零件補充到粒線體，使粒線體的體積逐漸增大。
肌纖維
2. 合成粒線體的「零件」
合成蛋白質等，作為粒線體的零件。
零件
零件
零件
細胞核
1. 傳送ATP不足的訊號
如果ATP不足，「製造粒線體」的指令便會被送到細胞核內的基因。

肌肉和運動能力的祕密

運動能力也有與生俱來的特質

持久型和爆發型，你傾向於哪一種？

運動能力可以大致分為持久型和爆發型。先前介紹過，快縮肌纖維比例較高的人，從事爆發型（力量型）競技比較有利。但是，快縮肌纖維和慢縮肌纖維的比例多寡，基因占了很大的因素，似乎很難藉由訓練加以改變。

此外，粒線體的型態也會在某種程度上決定一個人適合持久型還是爆發型競技。粒線體的型態因人而異，也有人屬於能夠「高效率地」合成ATP

的型態。研究者調查前奧運選手的粒線體，發現持久型競技選手大多屬於這種。然而這種粒線體的型態也是由基因決定，屬於與生俱來的特質。

Column

Coffee Break

「運動神經」這種神經並不存在

有些人在運動方面很快就能上手，通常會說這種人的「運動神經發達」。但事實上，在解剖學及生理學中都沒有「運動神經」這樣的名詞。不過，倒是有「運動神經細胞」(motor cell，運動神經元)。

一聽到運動神經細胞，似乎還是跟運動神經有關係吧！但這純粹指把腦的指令經由脊髓送抵肌肉的通路而已，和身體的動作是否靈活、運動是否能快速上手，都沒有直接的關係。一般認為和所謂的運動神經有關係的，是大腦中的三個區和小腦。

大腦的初級運動皮質（primary motor cortex）這個部位負責送出運動的訊號給肌肉，小腦則負責編排送往多條肌肉的訊號配列方式（程式）。

小腦會編排出多個程式，以供實際情況最適合的動作。而所謂的運動神經發達，就是具有能夠因應狀況採行最適當的程式，以及能快速且精密調整程式的能力吧。

運動神經發達的關鍵在於小腦

所謂的運動神經發達與否，在於大腦的三個區和小腦。

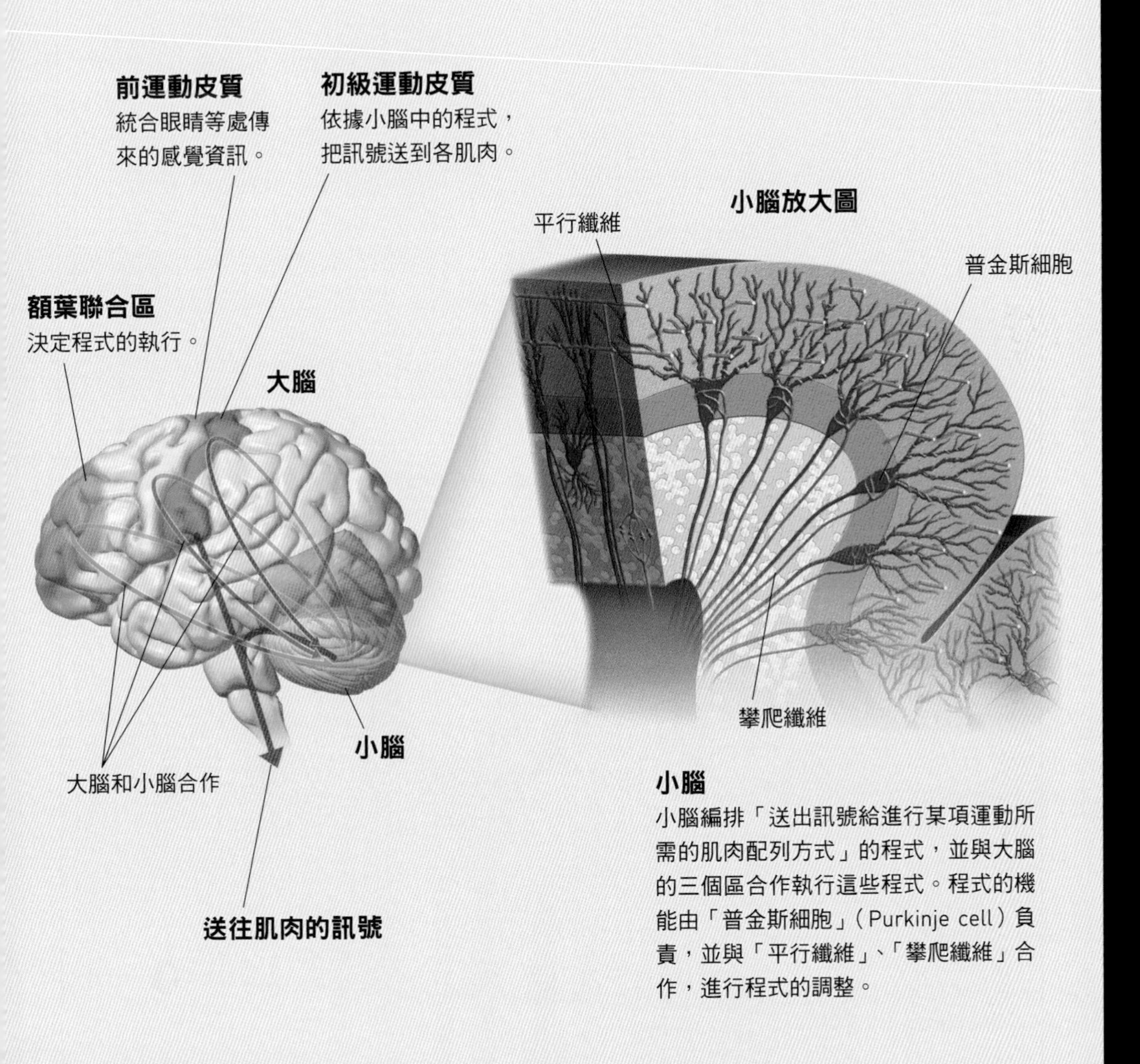

小腦

小腦編排「送出訊號給進行某項運動所需的肌肉配列方式」的程式，並與大腦的三個區合作執行這些程式。程式的機能由「普金斯細胞」（Purkinje cell）負責，並與「平行纖維」、「攀爬纖維」合作，進行程式的調整。

擅長運動的關鍵在於動作偏差的自覺

剛開始練習某項運動時，經常會覺得動作十分僵硬。要怎麼做才能使動作更加熟練呢？

小腦中有許多前端像樹枝一樣分岔的「普金斯細胞」（下圖）。在普金斯細胞擴散開來的分枝上，分布著10萬個以上的「突觸」（synapse）。從大腦的初級運動皮質發出的訊號，便是在這些突觸進行收發轉送。

如果普金斯細胞利用大量突觸收發訊號，可能會使不必要的肌肉發生作

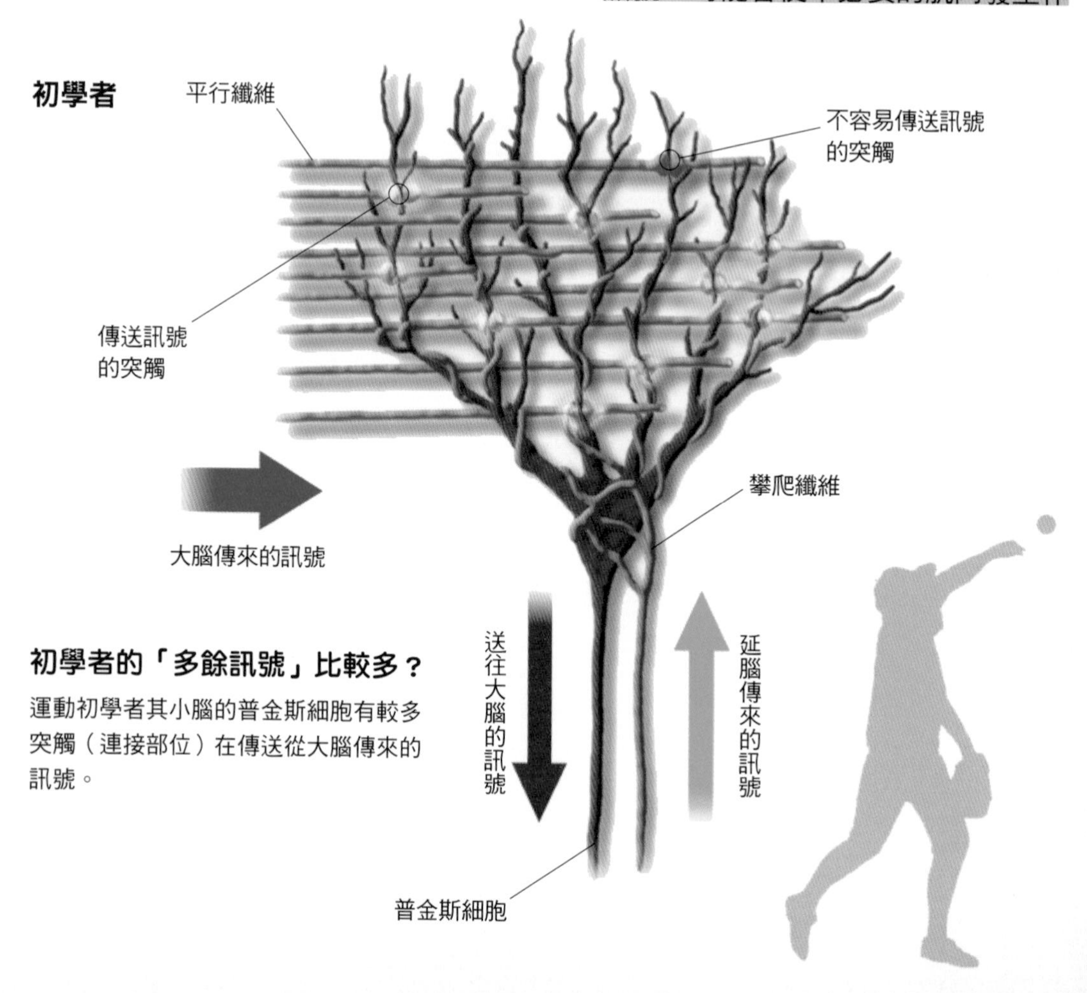

初學者的「多餘訊號」比較多？

運動初學者其小腦的普金斯細胞有較多突觸（連接部位）在傳送從大腦傳來的訊號。

用，導致動作僵硬（左下圖）。相對來說，一旦運動上手了，就會嚴選正確的突觸，只讓必要的肌肉起作用，而能做出順暢的動作（右下圖）。

而想要嚴選突觸，就必須在實際做出的動作和希望達到的結果之間產生偏差的時候，有相關的訊號送往普金斯細胞。

所謂的偏差，以棒球投手來說，就是類似「打算投向正中央卻偏高了」的情形。這時，如果能夠自覺動作的偏差，或許便能逐漸做到嚴選突觸。

產生偏差的原因，有可能是因為傳送訊號到普金斯細胞的通路沒有經常運用而衰退。也就是說，平日持續做揮空棒之類的練習，在神經科學上是具有意義的。此外，拍攝選手的動作給本人看，讓他從客觀的角度認識自己的偏差，也會對運動更加熟練很有幫助。

熟練者

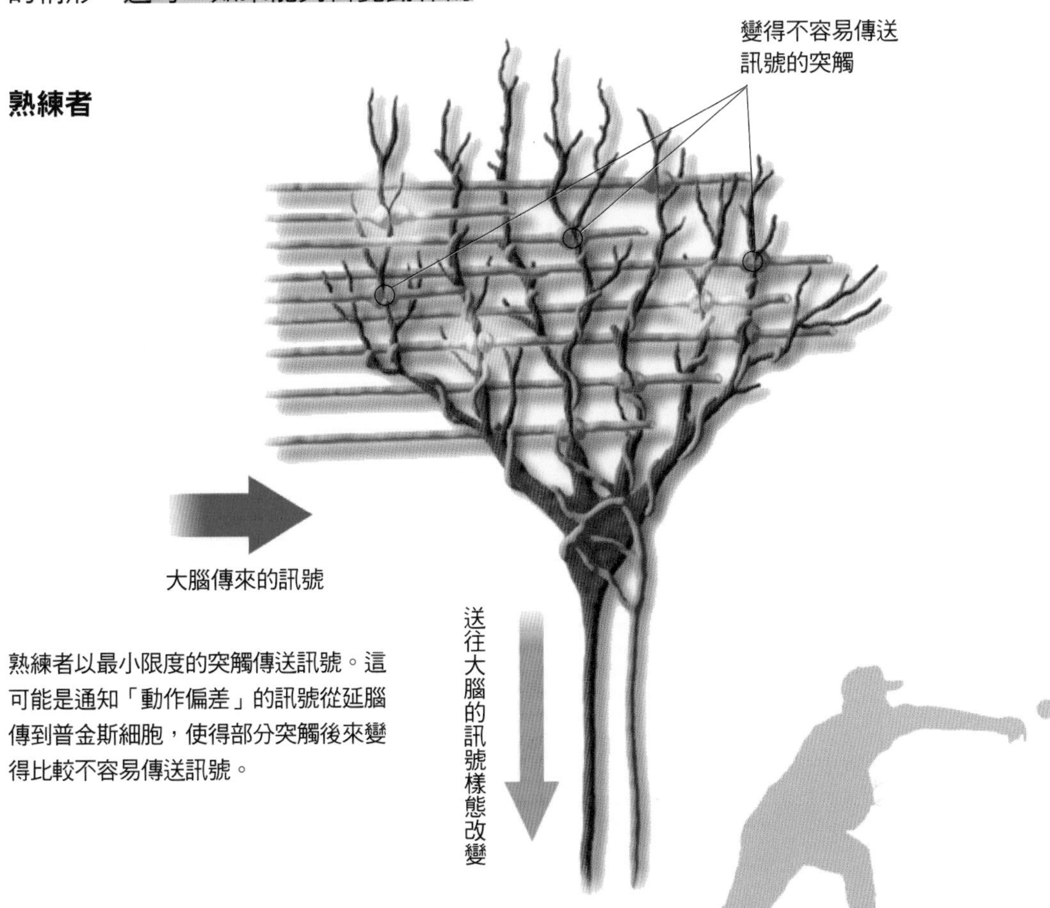

熟練者以最小限度的突觸傳送訊號。這可能是通知「動作偏差」的訊號從延腦傳到普金斯細胞，使得部分突觸後來變得比較不容易傳送訊號。

結語

關於「肌肉」的話題就到這裡為止。您覺得如何呢？

想把肌肉鍛鍊到健美選手或運動選手的層次可不是件簡單的事，不過，如果利用本書所介紹的方法，在合理的範圍內鍛鍊肌肉的話，是否覺得自己也有可能做到呢？

增加肌肉，不但可以使身體的行動比較靈活，還可以展現出帥氣英挺的外表。

此外，如果用心地適度做一些伸展操，不僅能消除日常的疲勞，還能更健康地度過每一天的生活哦！

即使每天只做 1 次深蹲也沒有關係。先從有興趣的訓練開始，一步一步邁向目標吧！還想認識人體的更多知識，可參考人人伽利略21《人體完全指南》。

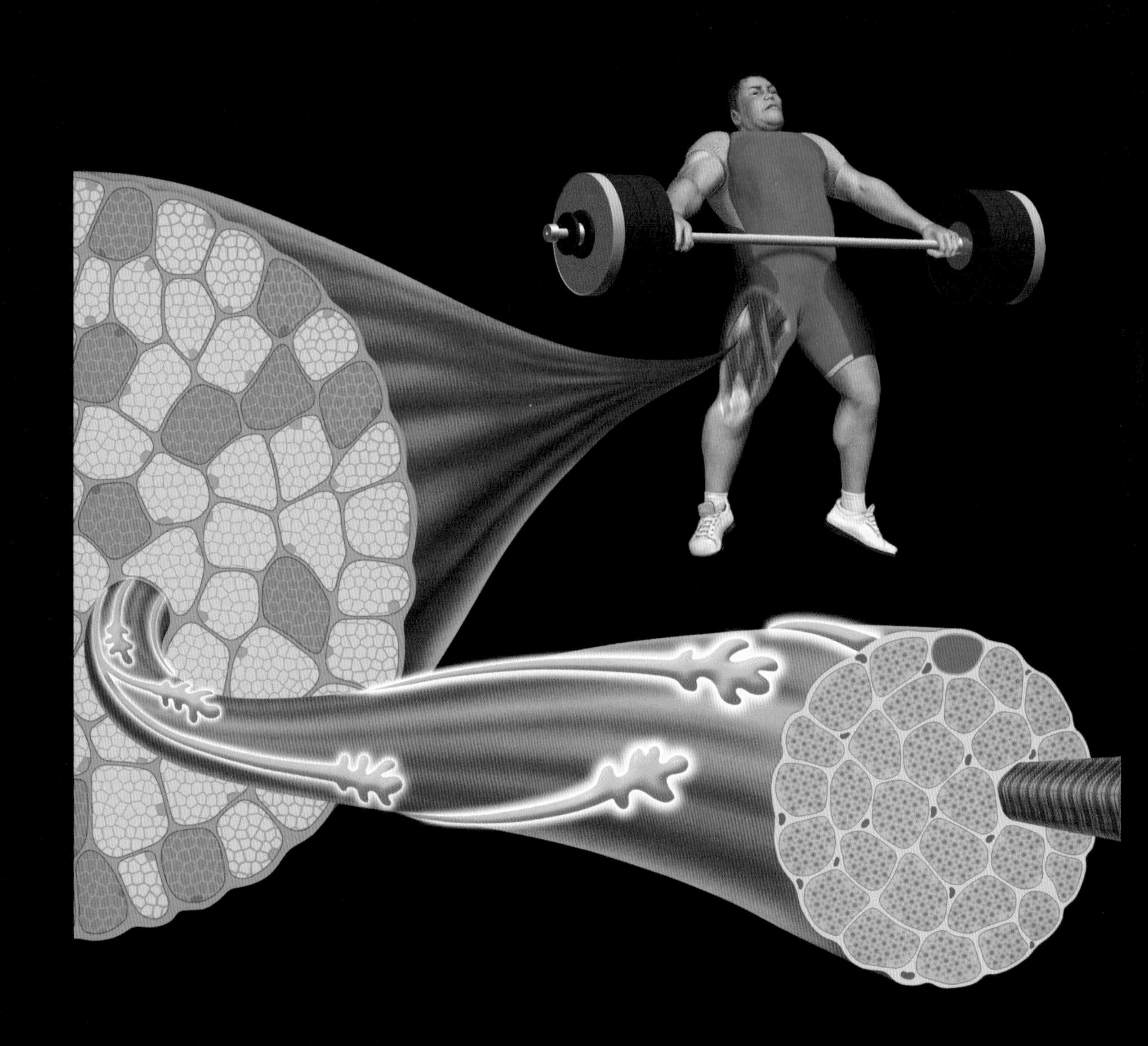

【少年伽利略 33】

肌肉

利用正確知識有效鍛鍊身體！

作者／日本Newton Press
特約編輯／洪文樺
翻譯／黃經良
編輯／林庭安
發行人／周元白
出版者／人人出版股份有限公司
地址／231028 新北市新店區寶橋路235巷6弄6號7樓
電話／（02）2918-3366（代表號）
傳真／（02）2914-0000
網址／www.jjp.com.tw
郵政劃撥帳號／16402311 人人出版股份有限公司
製版印刷／長城製版印刷股份有限公司
電話／（02）2918-3366（代表號）
經銷商／聯合發行股份有限公司
電話／（02）2917-8022
香港經銷商／一代匯集
電話／（852）2783-8102
第一版第一刷／2022年11月
定價／新台幣250元
港幣83元

國家圖書館出版品預行編目（CIP）資料

肌肉：利用正確知識有效鍛鍊身體！
日本Newton Press作；
黃經良翻譯. -- 第一版. --
新北市：人人出版股份有限公司, 2022.11
面； 公分. —（少年伽利略；33）
譯自：筋肉：正しい知識で効率よくきたえよう
ISBN 978-986-461-311-3（平裝）
1.CST：肌肉 2.CST：運動生理學

397.3 111015916

Staff

Editorial Management 木村直之
Design Format 米倉英弘＋川口 匠（細山田デザイン事務所）
Editorial Staff 上月隆志，加藤 希

Photograph

表紙 zeremskimilan/stock.adobe.com
2～3 ITALO/Shutterstock.com
4～5 aslysun/Shutterstock.com
14 Sebastian Kaulitzki/Shutterstock.com
15 picturepartners/Shutterstock.com
22～23 stockfour/Shutterstock.com
24～25 Lenka Horavova/Shutterstock.com
26～27 Maridav/Shutterstock.com
28～29 Maridav/stock.adobe.com
30～31 Syda Productions/stock.adobe.com
32～33 aijiro/stock.adobe.com
34～35 Alina Rosanova/Shutterstock.com
36 alfa27/stock.adobe.com
42～43 Angelov/stock.adobe.com
44～45 buritora/stock.adobe.com
48～49 ESB Professional/Shutterstock.com
54～55 Sergey/stock.adobe.com
56～57 Kryvenok Anastasiia/Shutterstock.com
60～61 Mikael Damkier/Shutterstock.com
72 calvin86/Shutterstock.com
73 Denis Kuvaev/Shutterstock.com

Illustration

Cover Design 宮川愛理
6～7 Newton Press
8～13 多田彩子・デザイン室［※を加筆改変］
16～19 Newton Press，髙島達明
21 Newton Press
26 宮川愛理
28～30 宮川愛理
32 宮川愛理
37 Newton Press
39 Newton Press
41 Newton Press
42 宮川愛理
45 宮川愛理
46～47 Newton Press[※を加筆改変]
48 Newton Press
50～51 Newton Press，髙島達明・Newton Press
52～53 Newton Press
58～59 Newton Press
62～71 Newton Press
74～77 Newton Press

※：BodyParts3D, Copyright© 2008 ライフサイエンス統合データベースセンター licensed by CC表示ー継承2.1 日本（http://lifesciencedb.jp/bp3d/info/license/index.html）